上海市工程建设规范

建筑风环境气象参数标准

Standard for meteorological parameters of wind environment around buildings

DG/TJ 08—2328—2020

J 15294—2020

主编单位:同济大学建筑设计研究院(集团)有限公司
同济大学

批准部门:上海市住房和城乡建设管理委员会
施行日期:2021 年 1 月 1 日

同济大学出版社

2020 上海

图书在版编目(CIP)数据

建筑风环境气象参数标准/同济大学建筑设计研究院(集团)有限公司,同济大学主编. —上海:同济大学出版社,2020.12

ISBN 978-7-5608-9616-8

Ⅰ.①建… Ⅱ.①同… Ⅲ.①建筑设计-风-环境设计-设计标准-上海 Ⅳ.①TU-856

中国版本图书馆 CIP 数据核字(2020)第 236238 号

建筑风环境气象参数标准

同济大学建筑设计研究院(集团)有限公司
同济大学
主编

策划编辑 张平官
责任编辑 朱 勇
责任校对 徐春莲
封面设计 陈益平

出版发行 同济大学出版社 www.tongjipress.com.cn
(地址:上海市四平路 1239 号 邮编:200092 电话:021-65985622)
经 销 全国各地新华书店
印 刷 浦江求真印务有限公司
开 本 889mm×1194mm 1/32
印 张 1.875
字 数 50000
版 次 2020 年 12 月第 1 版 2020 年 12 月第 1 次印刷
书 号 ISBN 978-7-5608-9616-8
定 价 15.00 元

上海市住房和城乡建设管理委员会文件

沪建标定〔2020〕414 号

上海市住房和城乡建设管理委员会
关于批准《建筑风环境气象参数标准》
为上海市工程建设规范的通知

各有关单位：

由同济大学建筑设计研究院(集团)有限公司、同济大学主编的《建筑风环境气象参数标准》，经我委审核，现批准为上海市工程建设规范，统一编号为 DG/TJ 08—2328—2020，自 2021 年1 月1 日起实施。

本规范由上海市住房和城乡建设管理委员会负责管理，同济大学建筑设计研究院(集团)有限公司解释。

特此通知。

上海市住房和城乡建设管理委员会

二〇二〇年八月十三日

前　言

本标准是根据上海市住房和城乡建设管理委员会《关于印发〈2019 年上海市工程建设规范、建筑标准设计编制计划〉的通知》（沪建标定〔2018〕753 号）的要求，由同济大学建筑设计研究院（集团）有限公司、同济大学会同相关单位共同编制而成。

本标准共分 4 章，主要内容包括：总则、术语、一般规定、风气候分区与风参数以及附录 A 和附录 B。

各单位及相关人员在本标准执行过程中，如有意见或建议，请反馈至上海市住房和城乡建设管理委员会（地址：上海市大沽路 100 号；邮编 200003；E-mail：bzgl@zjw.sh.gov.cn），同济大学建筑设计研究院（集团）有限公司（地址：上海市四平路 1230 号；邮编：200092），或上海市建筑建材业市场管理总站（地址：上海市小木桥路 683 号；邮编：200032；E-mail：bzglk@zjw.sh.gov.cn），以供今后修订时参考。

主 编 单 位： 同济大学建筑设计研究院（集团）有限公司
同济大学

参 编 单 位： 上海市气候中心
北京构力科技有限公司

主要起草人： 车学娅　庄　智　王　颖　徐卫忠　冯　君　李晨玉　张永炜　刘剑涛　姚佳伟　陈　侃　徐雯娴

主要审查人： 沈文渊　谈建国　季　亮　史　军　夏　麟　丁　德　胡　平

上海市建筑建材业市场管理总站

目　次

1　总　则 ………………………………………………… 1
2　术　语 ………………………………………………… 2
3　一般规定 ……………………………………………… 3
4　风气候分区与风参数 ………………………………… 4
　4.1　风气候分区 ……………………………………… 4
　4.2　风参数确定 ……………………………………… 5
附录 A　上海市各气象观测站地理位置分布图 ………… 7
附录 B　上海市各气象观测站风参数 …………………… 8
本标准用词说明 ………………………………………… 38
条文说明 ………………………………………………… 39

Contents

1 General provisions …… 1
2 Terms …… 2
3 Basic requirements …… 3
4 Wind climate zone and wind parameters …… 4
4.1 Wind climate zone …… 4
4.2 Determination of wind parameters …… 5
Appendix A Distribution map of meteorological stations in Shanghai …… 7
Appendix B Wind parameters of meteorological stations in Shanghai …… 8
Explanation of wording in this standard …… 38
Explanation of provisions …… 39

1 总 则

1.0.1 为规范本市建筑风环境气象参数选取，基于本市地理特征和气候条件，制定本标准。

1.0.2 本标准适用于本市新建、改建、扩建工程的建筑风环境分析与评估中的风参数选取。

1.0.3 建筑风环境气象参数选取除应符合本标准的规定外，尚应符合国家、行业和本市现行有关标准的规定。

2 术语

2.0.1 建筑风环境 wind environment around buildings

风环境是指室外自然风在城市地形地貌或自然地形地貌影响下形成的风场。在建筑设计和城市规划领域中，建筑风环境是指建筑周围的风场。

2.0.2 风参数 wind parameter

在风环境分析和评估中需要指定的来流风边界条件参数，主要包括风速和风向。

2.0.3 主导风参数 prevailing wind parameter

某一时间周期（例如年、季、月等）内代表当地风气候特征的风参数。

2.0.4 风气候分区 wind climate zone

根据风参数气候分布特征的差异，把一定城市空间区域划分成若干小区域。

3 一般规定

3.0.1 建筑风环境分析应以城市规划批准的建设项目用地范围内的建筑为对象，并应考虑周边建筑环境的影响。

3.0.2 建筑风环境分析应以项目所在地的风气候分区及其对应的风参数作为气象条件。

3.0.3 建筑风环境分析中风参数的取值应根据项目设计与评估需求选择对应时间周期(年、季、月)内风气象数据的统计结果。

4　风气候分区与风参数

4.1　风气候分区

4.1.1　上海市风气候分区划分如下：

1　中心城风气候区、闵行风气候区、宝山风气候区、嘉定风气候区、金山风气候区、青浦风气候区、松江风气候区、奉贤风气候区、南汇新城（临港新片区）风气候区、浦东风气候区、崇明风气候区。

2　中心城风气候区包括的行政区为徐汇区、黄浦区、长宁区、静安区、普陀区、虹口区、杨浦区；其他风气候区按行政区划分。

3　南汇新城（临港新片区）为单独的风气候区。

4.1.2　上海市各风气候分区对应的行政区及相应的气象观测站，详见表4.1.2。上海市气象观测站分布图详见附录A。

表4.1.2　上海各风气候分区对应的行政区及相应的气象观测站

编号	风气候分区	对应的行政区	气象观测站
1	中心城风气候区	徐汇区	闵行国家气象观测站
		黄浦区	
		长宁区	
		静安区	
		普陀区	
		虹口区	
		杨浦区	

续表4.1.2

编号	风气候分区	对应的行政区	气象观测站
2	闵行风气候区	闵行区	闵行国家气象观测站
3	宝山风气候区	宝山区	宝山国家基本气象站
4	嘉定风气候区	嘉定区	嘉定国家气象观测站
5	金山风气候区	金山区	金山国家气象观测站
6	青浦风气候区	青浦区	青浦国家气象观测站
7	松江风气候区	松江区	松江国家气象观测站
8	奉贤风气候区	奉贤区	奉贤国家气象观测站
9	南汇新城(临港新片区)风气候区	浦东新区	惠南国家气象观测站
10	浦东风气候区		浦东国家气象观测站
11	崇明风气候区	崇明区	崇明国家气象观测站

4.2 风参数确定

4.2.1 不同风气候分区各季节的主导风参数应按表 4.2.1 取值，各季节风玫瑰图详见附录 B.1。

表 4.2.1 不同风气候分区各季节的主导风参数

编号	风气候分区	春季		夏季		秋季		冬季	
		风向	风速(m/s)	风向	风速(m/s)	风向	风速(m/s)	风向	风速(m/s)
1	中心城风气候区	E	1.8	E	1.7	ENE	1.6	ENE	1.8
2	闵行风气候区	E	1.8	E	1.7	ENE	1.6	ENE	1.8
3	宝山风气候区	ENE	3.0	ENE	3.1	ENE	2.8	ENE	2.7
4	嘉定风气候区	SSE	2.7	SSE	2.5	NE	2.0	NE	2.2
5	金山风气候区	ESE	3.1	ESE	3.2	NE	2.0	NNW	2.5
6	青浦风气候区	ESE	2.9	ESE	2.7	E	2.0	NE	2.8
7	松江风气候区	SE	2.8	SE	2.6	NNE	2.3	N	2.4

续表4.2.1

编号	风气候分区	春季		夏季		秋季		冬季	
		风向	风速(m/s)	风向	风速(m/s)	风向	风速(m/s)	风向	风速(m/s)
8	奉贤风气候区	ESE	3.3	SE	3.6	NE	2.3	NE	2.5
9	南汇新城(临港新片区)风气候区	SE	2.4	S	3.0	N	3.3	N	3.6
10	浦东风气候区	E	1.8	E	1.8	ENE	1.5	NE	1.7
11	崇明风气候区	SE	3.4	SE	3.2	N	2.9	N	3.4

4.2.2 不同风气候分区风参数在对应时间周期(年、季、月)内各风向频率和各风向平均风速、最大风速详见本标准附录B.2。

4.2.3 地面粗糙度指数宜按照下列方式设定：

1 内环线以内：0.30。

2 外环线和内环线之间：0.22。

3 外环线以外：0.15。

4 外环线以外的例外情况：郊区的城镇中心，且目标建筑(群)周边500 m范围内绿地或农田面积占比≤50%的，取0.22。

附录 A　上海市各气象观测站地理位置分布图

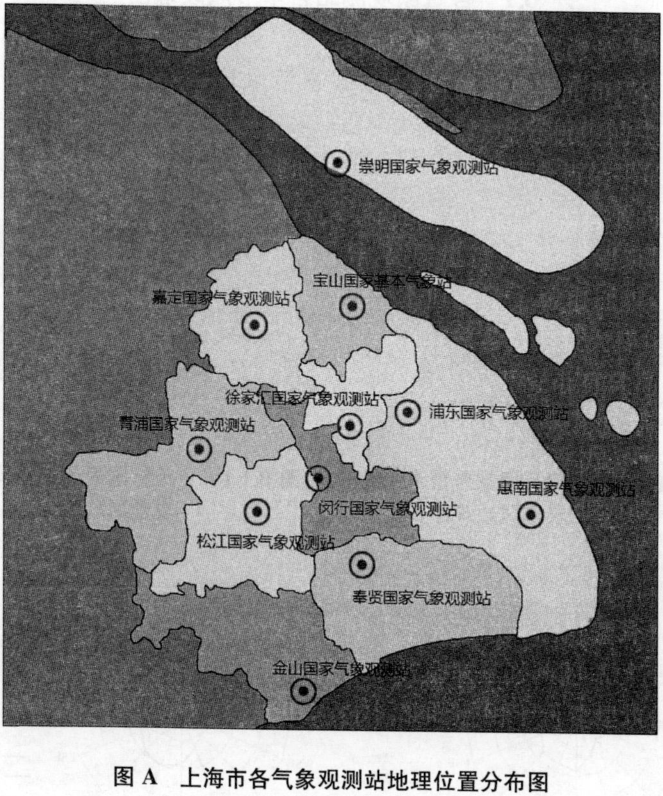

图 A　上海市各气象观测站地理位置分布图

附录 B 上海市各气象观测站风参数

B.1 各气象观测站各季节风玫瑰图

B.1.1 闵行国家气象观测站各季节风玫瑰图见图 B.1.1-1～图 B.1.1-4。

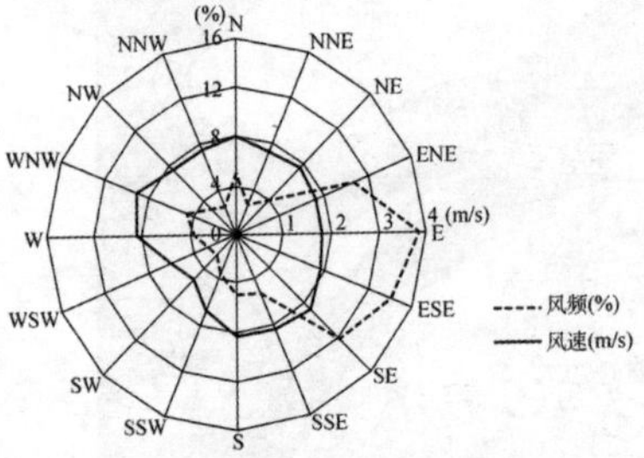

图 B.1.1-1 闵行国家气象观测站春季风玫瑰图

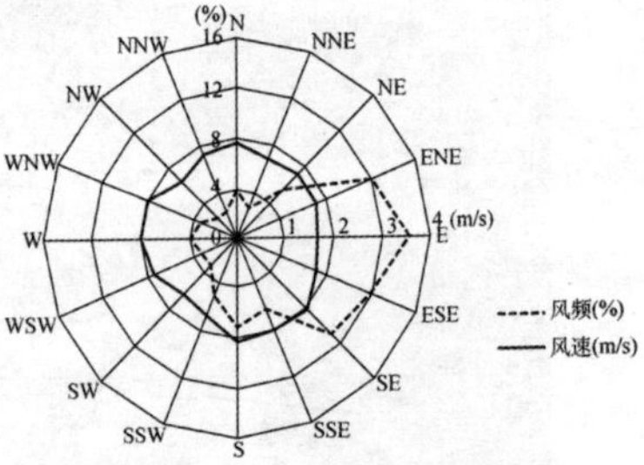

图 B.1.1-2 闵行国家气象观测站夏季风玫瑰图

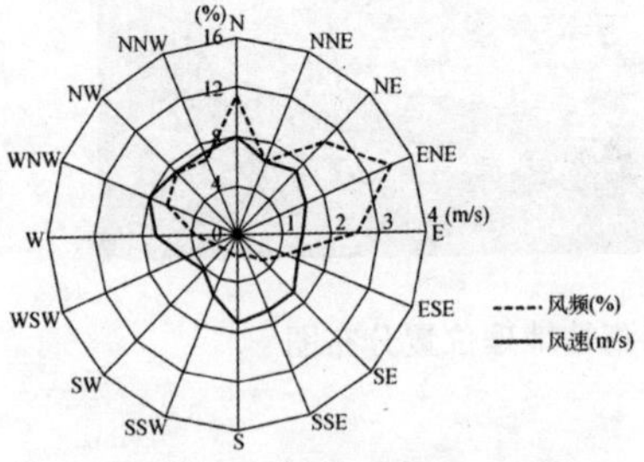

图 B.1.1-3 闵行国家气象观测站秋季风玫瑰图

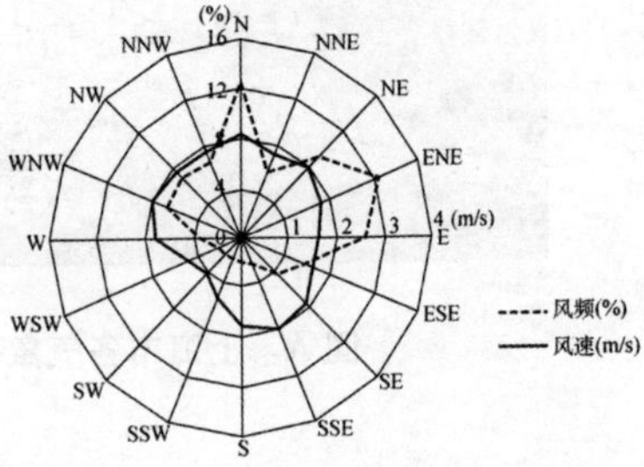

图 B.1.1-4 闵行国家气象观测站冬季风玫瑰图

B.1.2 宝山国家基本气象站各季节风玫瑰图见图 B.1.2-1～图 B.1.2-4。

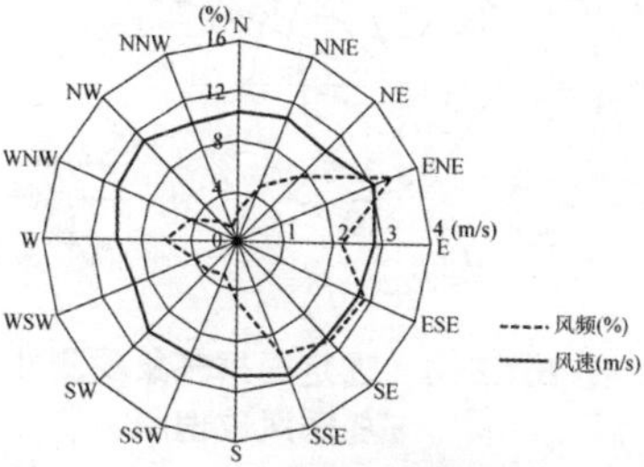

图 B.1.2-1 宝山国家基本气象站春季风玫瑰图

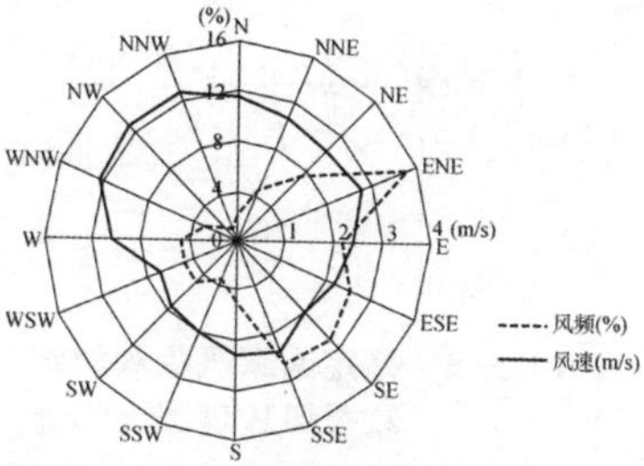

图 B.1.2-2 宝山国家基本气象站夏季风玫瑰图

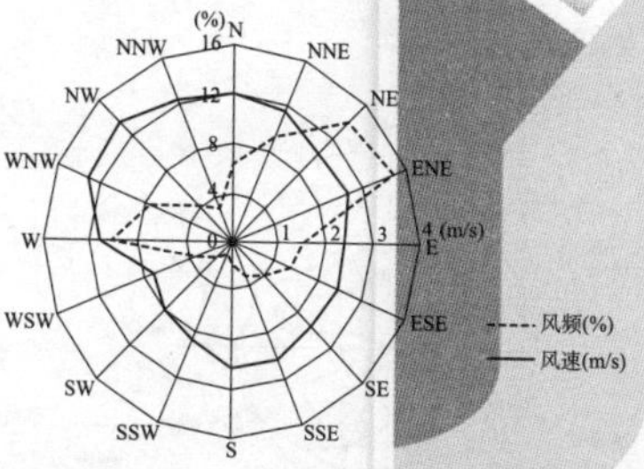

图 B.1.2-3 宝山国家基本气象站秋季风玫瑰图

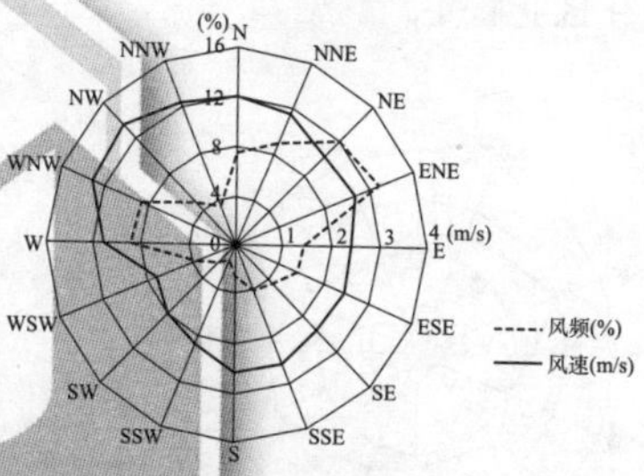

图 B.1.2-4 宝山国家基本气象站冬季风玫瑰图

B.1.3 嘉定国家气象观测站各季节风玫瑰图见图 B.1.3-1～图 B.1.3-4。

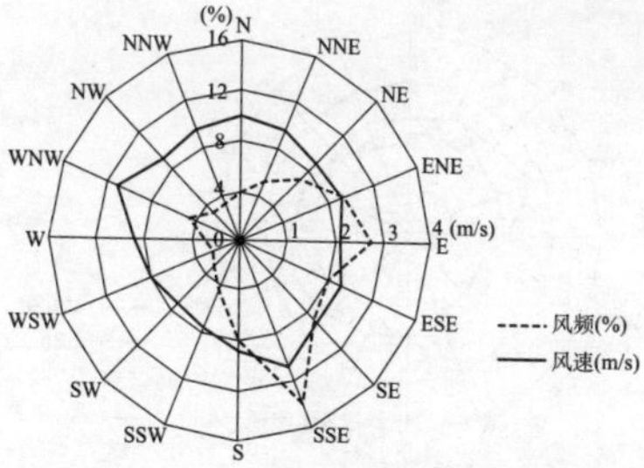

图 B.1.3-1 嘉定国家气象观测站春季风玫瑰图

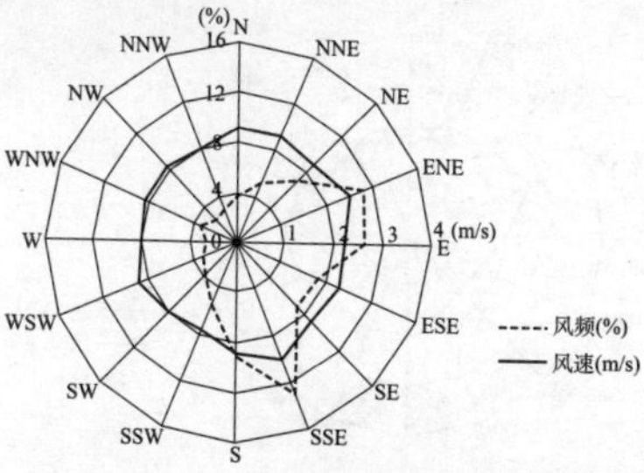

图 B.1.3-2 嘉定国家气象观测站夏季风玫瑰图

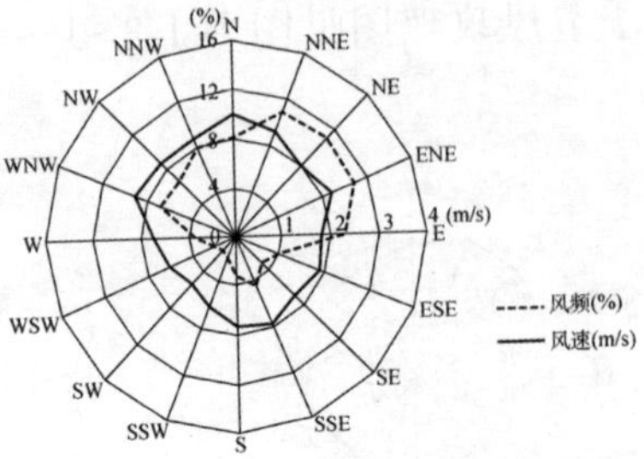

图 B.1.3-3　嘉定国家气象观测站秋季风玫瑰图

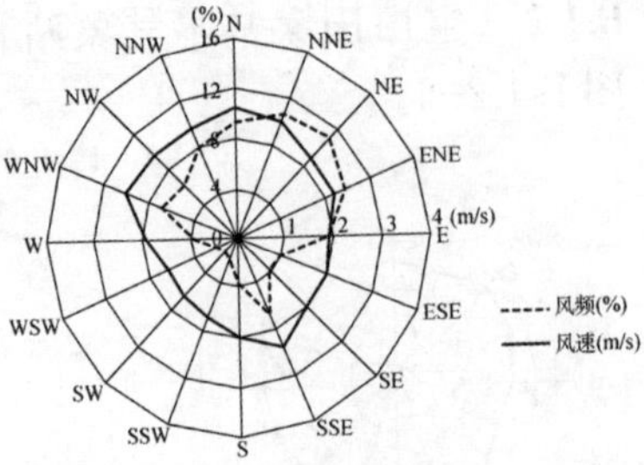

图 B.1.3-4　嘉定国家气象观测站冬季风玫瑰图

B.1.4　金山国家气象观测站各季节风玫瑰图见图 B.1.4-1～图 B.1.4-4。

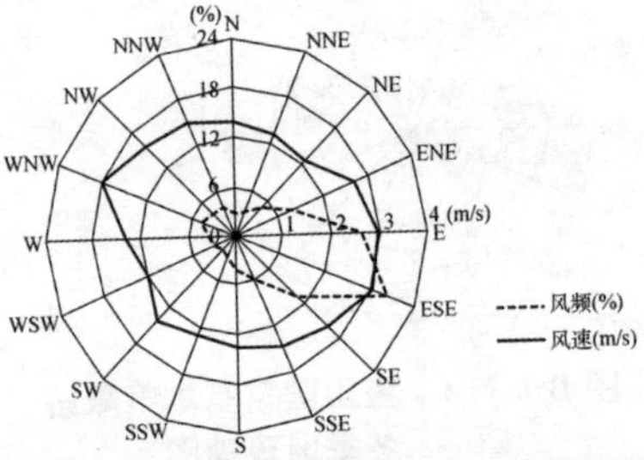

图 B.1.4-1　金山国家气象观测站春季风玫瑰图

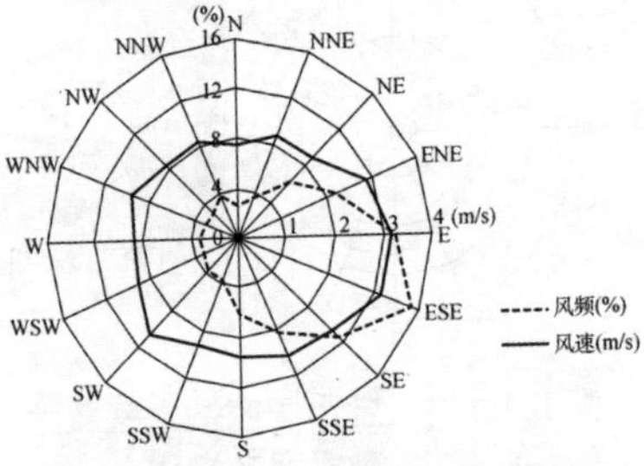

图 B.1.4-2　金山国家气象观测站夏季风玫瑰图

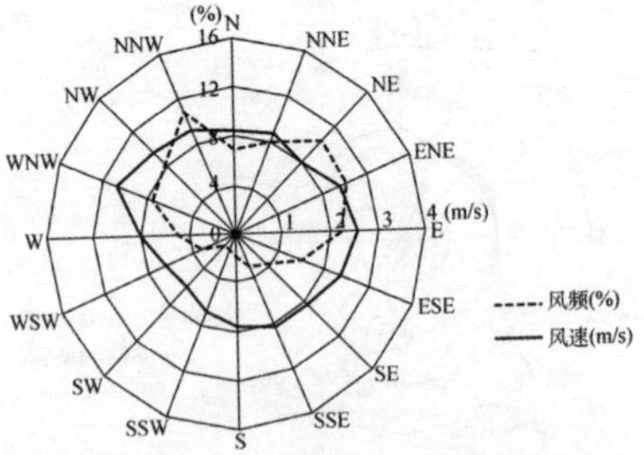

图 B.1.4-3　金山国家气象观测站秋季风玫瑰图

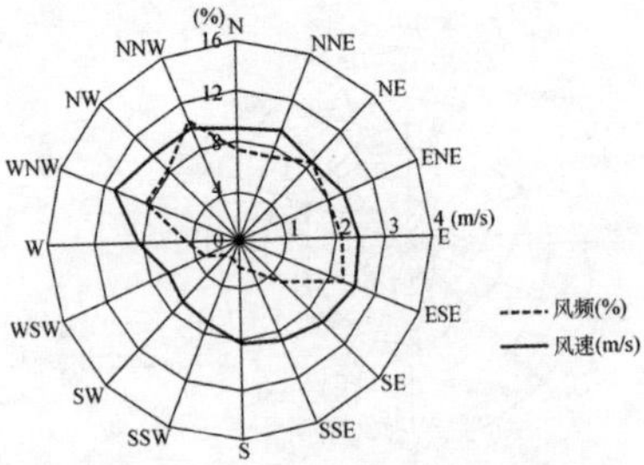

图 B.1.4-4　金山国家气象观测站冬季风玫瑰图

B.1.5 青浦国家气象观测站各季节风玫瑰图见图 B.1.5-1～图 B.1.5-4。

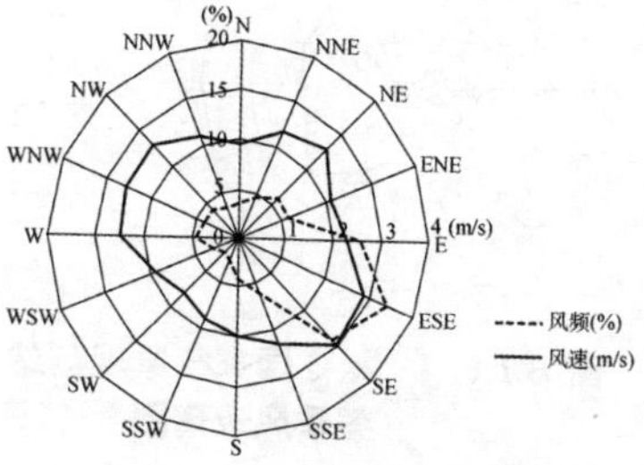

图 B.1.5-1 青浦国家气象观测站春季风玫瑰图

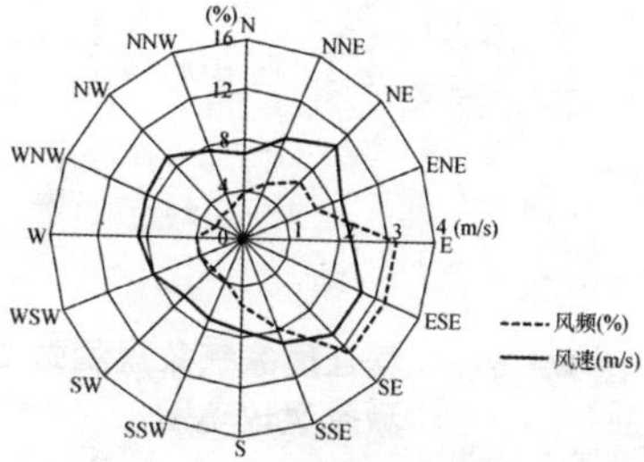

图 B.1.5-2 青浦国家气象观测站夏季风玫瑰图

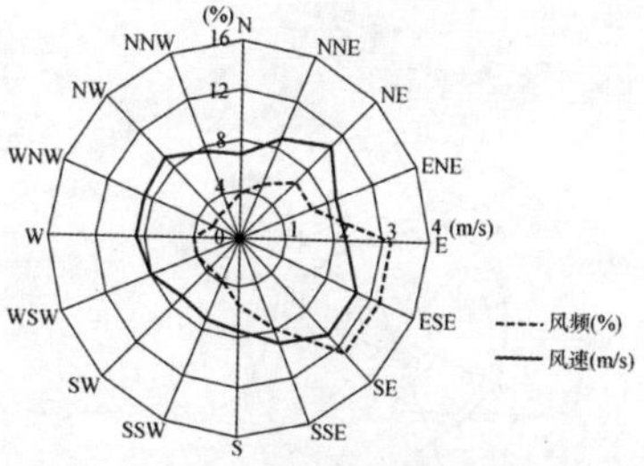

图 B.1.5-3 青浦国家气象观测站秋季风玫瑰图

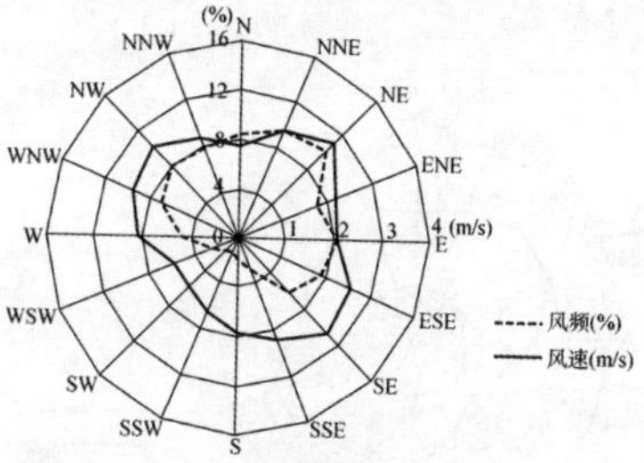

图 B.1.5-4 青浦国家气象观测站冬季风玫瑰图

B.1.6 松江国家气象观测站各季节风玫瑰图见图 B.1.6-1～图 B.1.6-4。

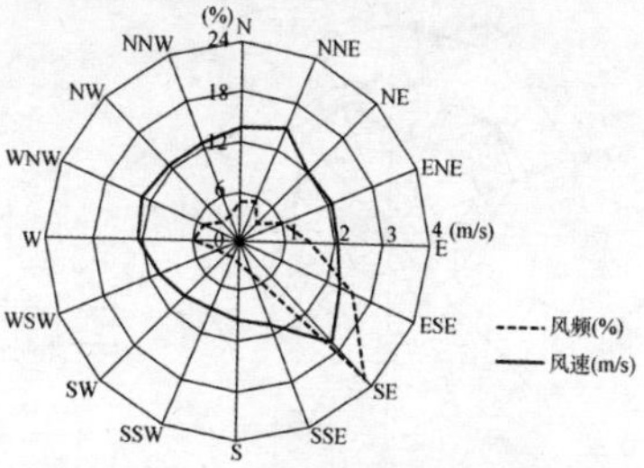

图 B.1.6-1 松江国家气象观测站春季风玫瑰图

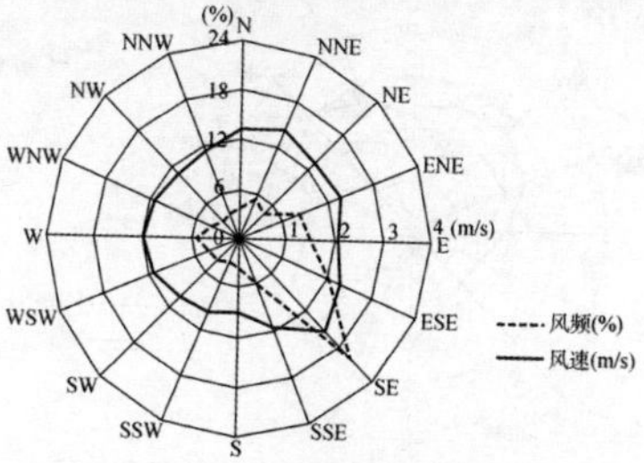

图 B.1.6-2 松江国家气象观测站夏季风玫瑰图

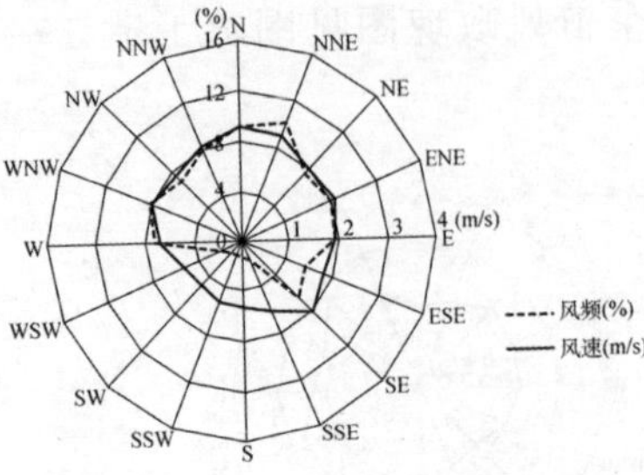

图 B.1.6-3　松江国家气象观测站秋季风玫瑰图

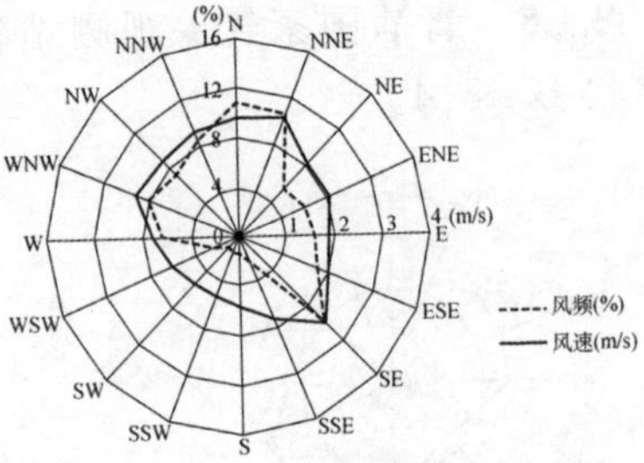

图 B.1.6-4　松江国家气象观测站冬季风玫瑰图

B.1.7　奉贤国家气象观测站各季节风玫瑰图见图 B.1.7-1～图 B.1.7-4。

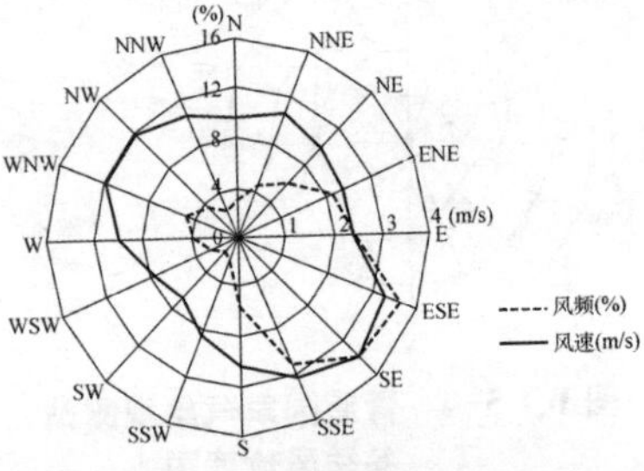

图 B.1.7-1　奉贤国家气象观测站春季风玫瑰图

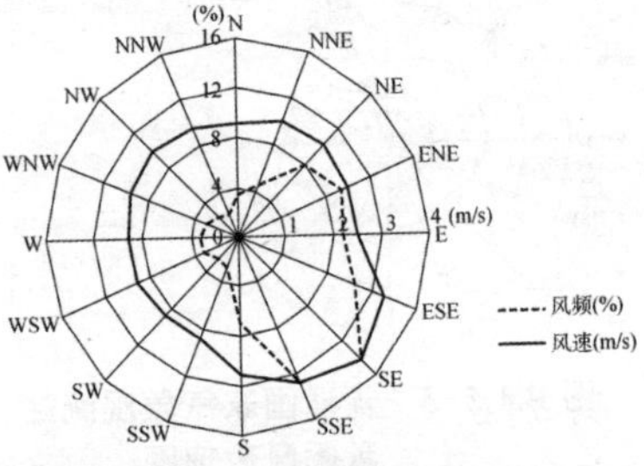

图 B.1.7-2　奉贤国家气象观测站夏季风玫瑰图

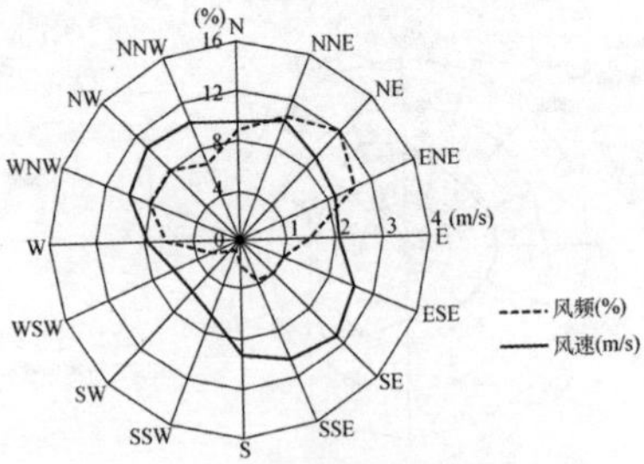

图 B.1.7-3　奉贤国家气象观测站秋季风玫瑰图

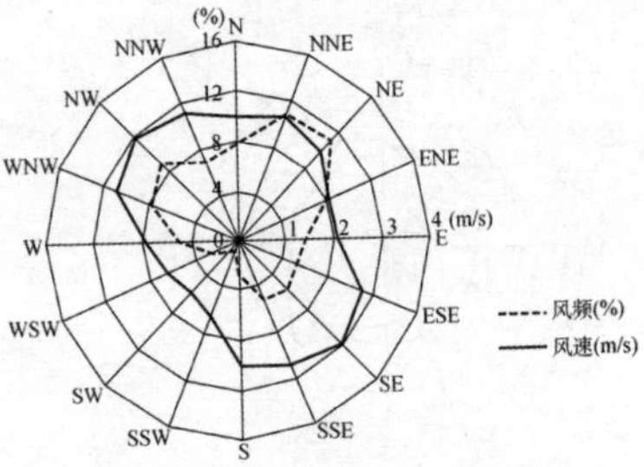

图 B.1.7-4　奉贤国家气象观测站冬季风玫瑰图

B.1.8 惠南国家气象观测站各季节风玫瑰图见图 B.1.8-1～图 B.1.8-4。

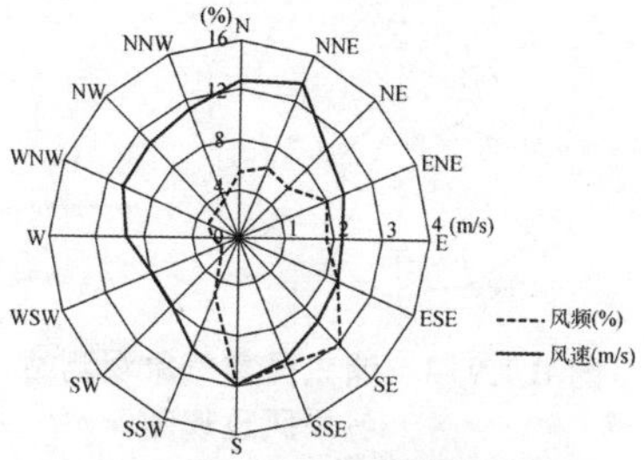

图 B.1.8-1 惠南国家气象观测站春季风玫瑰图

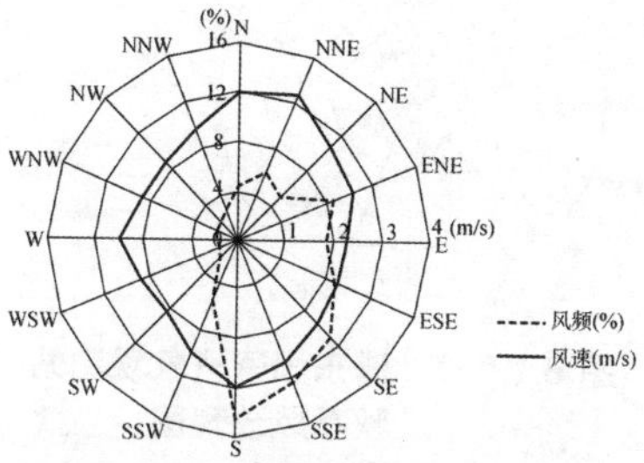

图 B.1.8-2 惠南国家气象观测站夏季风玫瑰图

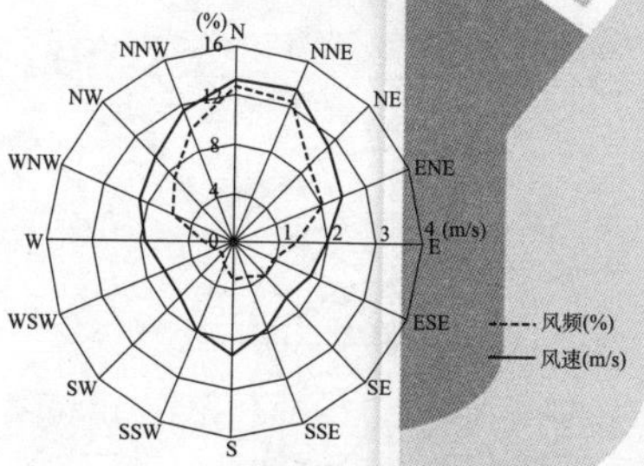

图 B.1.8-3 惠南国家气象观测站秋季风玫瑰图

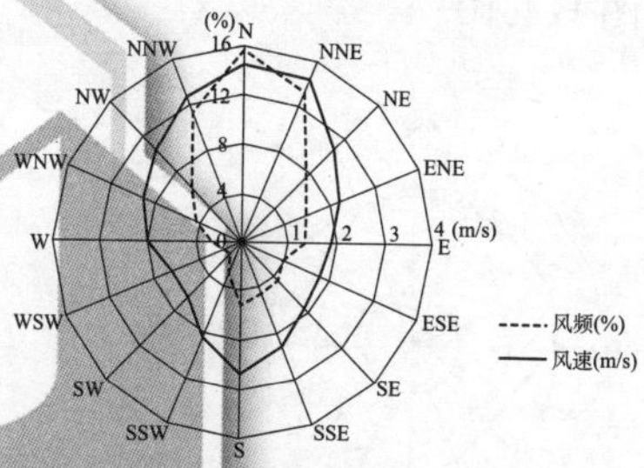

图 B.1.8-4 惠南国家气象观测站冬季风玫瑰图

B.1.9 浦东国家气象观测站各季节风玫瑰图见图 B.1.9-1～图 B.1.9-4。

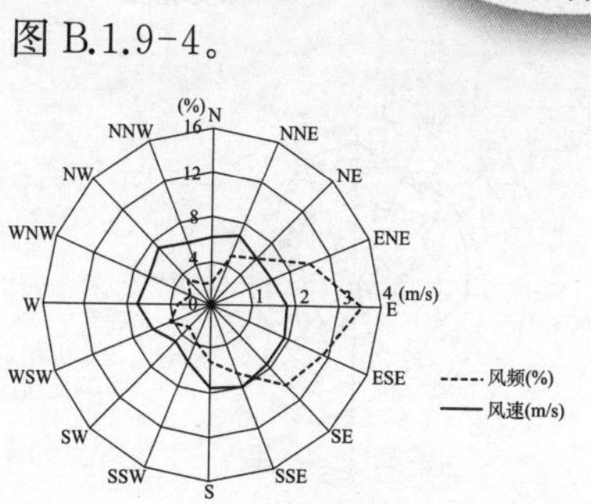

图 B.1.9-1 浦东国家气象观测站春季风玫瑰图

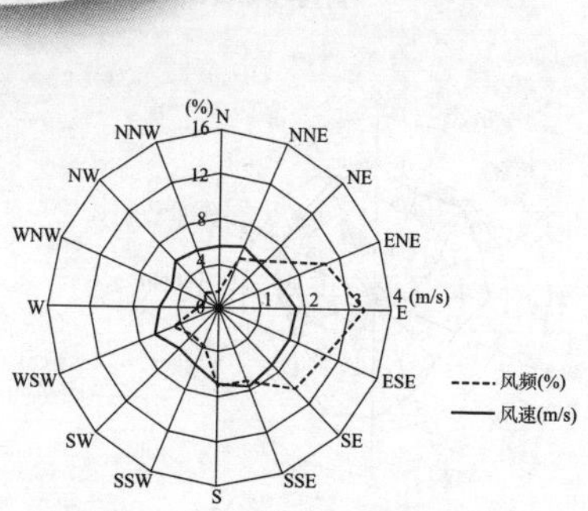

图 B.1.9-2 浦东国家气象观测站夏季风玫瑰图

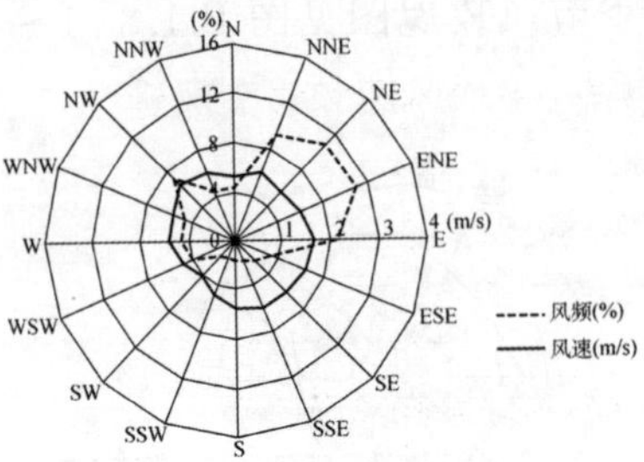

图 B.1.9-3　浦东国家气象观测站秋季风玫瑰图

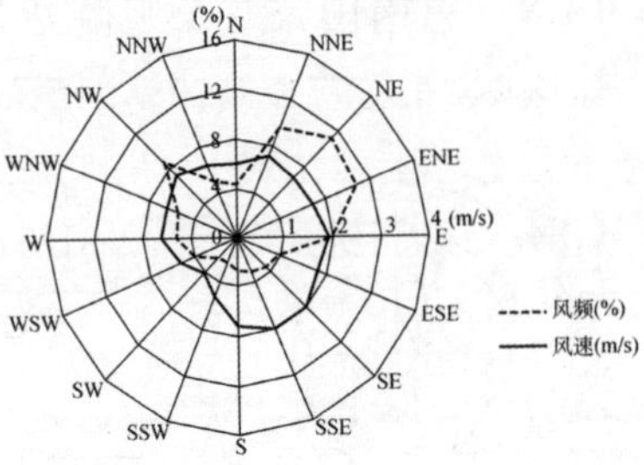

图 B.1.9-4　浦东国家气象观测站冬季风玫瑰图

B.1.10　崇明国家气象观测站各季节风玫瑰图见图 B.1.10-1～图 B.1.10-4。

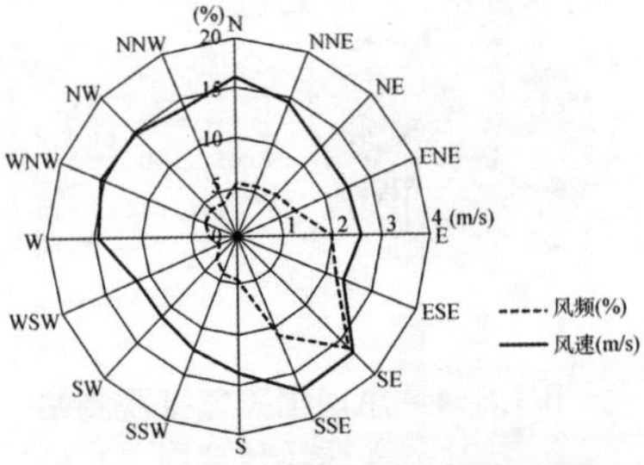

图 B.1.10-1　崇明国家气象观测站春季风玫瑰图

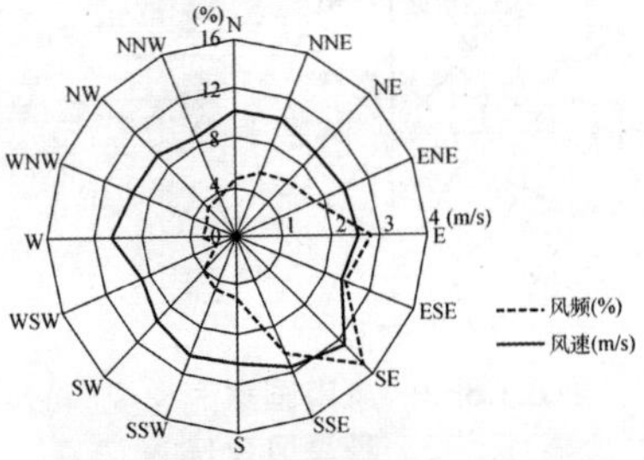

图 B.1.10-2　崇明国家气象观测站夏季风玫瑰图

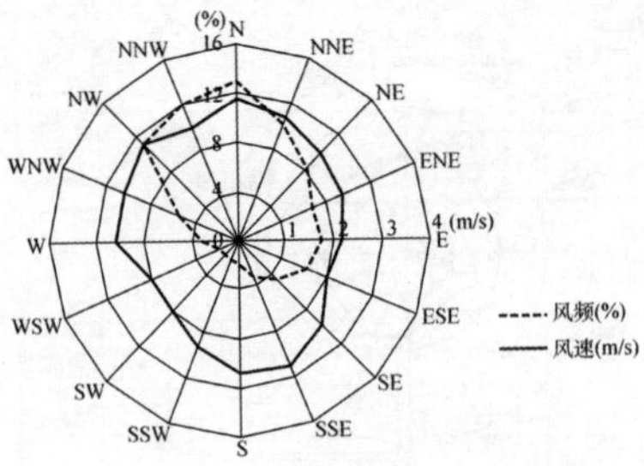

图 B.1.10-3　崇明国家气象观测站秋季风玫瑰图

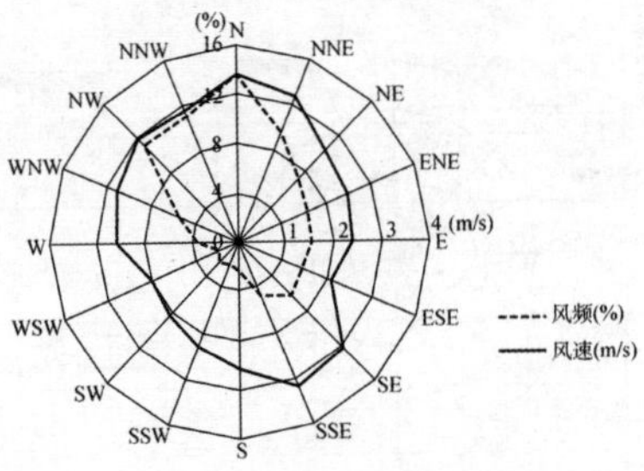

图 B.1.10-4　崇明国家气象观测站冬季风玫瑰图

B.2 各气象观测站的风向频率、平均风速和最大风速

B.2.1 闵行国家气象观测站的风向频率、平均风速和最大风速见表 B.2.1-1～表 B.2.1-3。

表 B.2.1-1 闵行国家气象观测站的风向频率(%)

风向	N	NNE	NE	ENE	E	ESE	SE	SSE	S	SSW	SW	WSW	W	WNW	NW	NNW
1月	13.4	5.9	10.2	12.7	8.6	4.3	2.7	1.7	1.3	1.2	2.2	2.2	3.6	7.3	8.4	8.0
2月	12.3	5.0	9.1	13.6	12.1	6.5	4.6	2.4	2.3	2.0	1.4	1.7	3.0	5.8	6.2	6.2
3月	8.8	4.8	7.5	12.6	13.7	10.4	7.9	3.8	3.4	2.7	1.9	1.9	3.4	5.7	3.8	3.5
4月	6.6	3.1	4.6	9.2	13.3	13.2	12.0	5.6	5.4	3.0	2.5	2.4	3.5	5.1	3.9	3.6
5月	4.4	1.8	3.6	10.4	15.2	15.5	14.4	6.2	5.2	3.2	2.1	2.4	3.8	4.1	2.7	2.6
6月	2.6	1.7	3.7	13.0	18.7	13.8	10.6	5.1	5.9	5.1	3.3	3.5	3.6	3.4	1.7	1.3
7月	1.8	1.1	2.4	5.6	10.4	14.1	15.2	9.7	11.5	7.5	4.7	4.0	4.6	2.6	1.4	1.2
8月	3.7	2.3	6.0	14.5	15.8	12.8	11.7	5.3	5.7	3.8	2.4	2.9	3.7	3.2	2.1	2.3
9月	8.7	5.6	11.0	19.5	16.7	7.2	4.9	2.2	1.7	1.7	1.1	1.4	2.3	4.2	4.1	4.4
10月	11.6	8.6	13.6	16.2	11.2	4.8	3.4	1.9	1.8	1.4	1.1	1.4	2.6	3.4	5.0	5.4
11月	10.7	4.7	8.8	11.6	10.5	5.0	3.3	2.3	2.3	1.8	2.0	2.4	3.8	7.3	7.3	6.5
12月	12.1	5.1	6.7	10.8	7.4	2.7	1.7	1.0	1.3	1.8	2.6	3.1	4.8	10.3	10.8	9.1
春季	5.0	2.5	4.3	10.8	15.6	14.1	12.3	5.3	5.0	3.5	2.4	2.6	3.7	4.6	3.0	2.6
夏季	4.0	2.4	5.3	12.2	14.4	12.0	11.3	6.3	7.2	4.9	3.2	3.1	3.7	3.1	2.2	2.2
秋季	11.2	6.2	10.4	14.2	10.4	4.6	3.1	1.8	1.8	1.6	1.6	2.0	3.4	6.2	7.0	6.6
冬季	12.5	5.8	9.1	12.4	10.4	5.9	4.2	2.3	2.0	1.7	1.9	2.1	3.5	6.7	7.0	6.7
年	8.2	4.2	7.3	12.4	12.7	9.2	7.7	3.9	4.0	2.9	2.3	2.5	3.6	5.2	4.8	4.5

表 B.2.1-2 闵行国家气象观测站的平均风速(m/s)

风向	N	NNE	NE	ENE	E	ESE	SE	SSE	S	SSW	SW	WSW	W	WNW	NW	NNW
1月	1.9	1.7	2.0	1.7	1.4	1.4	1.6	1.8	1.5	1.1	0.8	1.2	1.7	1.9	1.8	1.9
2月	2.1	1.9	2.1	1.9	1.7	1.8	2.0	1.9	1.7	1.4	1.0	1.2	1.7	2.0	1.8	1.8
3月	2.4	2.1	2.2	2.0	1.9	1.9	2.0	1.9	2.1	1.7	1.2	1.4	2.0	2.2	2.0	2.0

续表 B.2.1-2

风向	N	NNE	NE	ENE	E	ESE	SE	SSE	S	SSW	SW	WSW	W	WNW	NW	NNW
4月	2.1	2.0	2.1	1.9	1.8	1.9	2.2	2.2	2.1	1.6	1.4	1.4	2.1	2.5	2.1	2.0
5月	1.9	1.6	1.8	1.8	1.7	1.9	2.2	2.1	2.2	1.7	1.2	1.6	2.3	2.3	1.9	1.8
6月	1.7	1.3	1.5	1.7	1.6	1.7	2.0	1.7	1.8	1.6	1.4	1.8	2.1	2.0	1.5	1.5
7月	1.8	1.4	1.7	1.6	1.6	1.9	2.2	2.1	2.2	1.9	1.8	1.9	2.1	2.0	1.5	1.5
8月	2.0	1.8	1.9	2.0	2.0	1.9	2.1	1.9	2.0	1.8	1.5	2.0	2.0	2.2	1.9	1.9
9月	1.9	1.7	1.8	1.7	1.6	1.6	1.8	1.8	1.9	1.8	1.4	1.3	1.6	1.7	1.5	1.7
10月	1.9	1.7	1.8	1.6	1.4	1.5	1.7	1.8	1.8	1.3	1.0	1.0	1.5	1.7	1.6	1.6
11月	1.9	1.5	1.7	1.4	1.4	1.3	1.7	1.5	1.8	1.4	1.0	1.3	1.7	2.0	1.7	1.7
12月	2.0	1.5	1.9	1.6	1.4	1.3	1.4	1.5	1.5	1.1	1.0	1.2	1.7	2.1	1.9	1.9
春季	2.0	1.8	1.9	1.8	1.8	1.9	2.2	2.1	2.1	1.7	1.3	1.5	2.1	2.3	1.9	1.9
夏季	1.9	1.7	1.8	1.8	1.7	1.8	2.1	2.0	2.1	1.7	1.6	1.9	2.0	2.0	1.6	1.8
秋季	2.0	1.6	1.8	1.6	1.4	1.4	1.7	1.7	1.8	1.3	1.0	1.2	1.7	2.0	1.8	1.8
冬季	2.1	1.8	2.0	1.8	1.6	1.6	1.9	2.0	1.8	1.3	1.0	1.2	1.8	2.0	1.9	1.9
年	2.0	1.7	1.9	1.8	1.6	1.7	2.0	2.0	2.0	1.5	1.2	1.5	1.9	2.1	1.8	1.9

表 B.2.1-3 闵行国家气象观测站的最大风速(m/s)

风向	N	NNE	NE	ENE	E	ESE	SE	SSE	S	SSW	SW	WSW	W	WNW	NW	NNW
1月	5.3	4.8	4.2	5.1	3.6	3.7	3.8	3.9	4.3	3.4	3.2	3.2	4.9	5.9	4.7	4.6
2月	4.7	4.3	5.6	5.2	5.4	4.7	4.9	4.1	5.2	3.7	3.1	3.5	5.6	5.3	4.3	4.2
3月	5.2	4.3	6.2	6.3	6.1	4.6	4.5	4.0	5.0	4.9	3.3	3.8	5.2	5.1	4.7	4.3
4月	5.2	4.1	5.2	4.8	4.4	4.9	5.3	4.3	4.8	4.3	4.2	4.4	6.5	7.0	5.2	4.8
5月	5.0	3.6	5.0	5.0	4.9	4.7	5.1	5.2	5.5	3.9	3.5	4.1	6.5	6.4	3.9	4.7
6月	7.5	3.2	4.9	4.3	5.1	4.7	4.3	4.3	5.4	4.3	3.6	5.7	6.2	6.2	4.4	4.9
7月	9.9	3.6	5.2	4.5	4.3	5.2	5.3	5.1	5.0	5.2	4.6	4.7	4.9	4.4	5.3	4.4
8月	4.8	4.8	6.1	9.8	7.1	5.1	5.2	4.6	6.5	5.0	3.7	5.4	5.1	5.7	5.4	5.3
9月	5.3	4.5	4.8	4.4	3.8	4.2	4.3	3.7	4.5	4.4	3.5	3.7	5.0	4.4	4.0	4.5
10月	5.9	4.4	4.3	4.6	4.1	3.2	3.7	3.8	4.8	4.3	2.3	3.1	4.7	4.6	4.8	4.7
11月	6.1	6.0	4.6	4.4	4.1	3.9	4.4	3.7	5.0	5.1	3.2	3.7	5.7	5.7	4.8	5.4

续表 B.2.1-3

风向	N	NNE	NE	ENE	E	ESE	SE	SSE	S	SSW	SW	WSW	W	WNW	NW	NNW
12月	5.7	4.1	5.3	4.5	3.9	3.0	4.2	3.9	4.3	3.6	3.9	3.9	5.5	5.6	4.8	4.5
春季	7.5	4.3	5.2	6.3	6.1	4.9	5.3	5.2	5.5	4.9	4.2	4.4	6.5	7.0	5.2	4.8
夏季	9.9	4.8	6.1	9.8	7.1	5.2	5.3	5.1	6.5	5.2	4.6	5.7	6.2	6.2	5.4	5.3
秋季	6.1	6.0	4.6	4.6	4.1	3.9	4.4	3.9	5.0	5.1	3.6	3.9	5.7	5.7	4.8	5.4
冬季	4.8	4.3	6.2	5.2	5.4	4.7	4.9	4.2	5.3	4.1	3.9	3.8	5.6	5.9	4.7	4.6
年	9.9	6.0	6.2	9.8	7.1	5.2	5.3	5.2	6.5	5.2	4.6	5.7	6.5	7.0	5.4	5.4

B.2.2 宝山国家基本气象站的风向频率、平均风速和最大风速见表 B.2.2-1～表 B.2.2-3。

表 B.2.2-1 宝山国家基本气象站的风向频率(%)

风向	N	NNE	NE	ENE	E	ESE	SE	SSE	S	SSW	SW	WSW	W	WNW	NW	NNW
1月	7.5	9.9	14.0	11.9	4.3	4.1	3.0	3.2	2.0	0.8	1.8	4.1	11.2	10.2	5.1	3.6
2月	7.6	9.0	12.5	14.0	7.4	7.2	4.2	3.9	2.7	1.6	2.5	3.2	6.6	8.0	4.1	3.1
3月	6.0	7.1	9.7	13.8	7.9	7.3	7.7	7.7	4.1	2.5	2.8	3.2	6.7	5.6	3.3	2.7
4月	3.1	5.8	7.9	11.9	6.6	10.0	10.3	10.4	5.4	2.5	3.2	3.7	6.1	6.2	3.2	1.7
5月	1.8	3.9	7.0	12.8	9.2	12.9	12.4	10.9	5.3	2.4	2.9	3.9	6.0	3.7	2.1	0.9
6月	0.9	3.1	6.7	17.7	10.9	13.0	11.8	8.1	3.6	3.9	5.6	4.9	4.2	2.2	1.0	0.5
7月	1.0	2.1	3.9	9.8	6.3	9.6	12.9	16.4	8.3	5.3	7.7	6.0	5.1	2.3	0.9	0.6
8月	2.2	4.2	8.3	16.3	9.6	11.7	12.2	10.0	3.9	2.2	3.3	4.2	4.5	2.8	1.8	1.1
9月	4.8	9.2	13.6	22.8	10.0	8.2	5.7	3.4	1.5	1.1	1.2	2.3	5.2	4.3	2.4	2.0
10月	7.6	11.7	19.0	16.4	6.0	6.2	4.1	3.2	1.7	0.9	1.1	2.5	6.0	4.6	3.4	2.8
11月	5.9	8.2	11.6	11.8	6.8	6.0	4.6	3.8	2.4	1.6	2.2	4.0	11.6	7.9	3.9	2.5
12月	5.7	7.0	9.4	11.6	4.1	3.3	2.6	1.8	1.5	1.2	2.8	5.8	16.1	12.7	6.3	3.8
春季	2.3	4.6	7.5	14.1	8.9	11.6	11.2	9.6	4.6	2.7	3.4	3.9	5.9	4.3	2.3	1.2
夏季	2.1	4.5	7.5	15.2	8.7	10.3	10.9	10.7	5.0	3.3	4.8	4.7	4.6	2.9	1.5	1.0
秋季	6.3	9.2	14.0	14.9	6.2	5.5	4.0	3.1	1.8	1.2	1.8	3.5	10.0	7.5	4.2	2.9
冬季	7.5	9.0	12.1	12.9	5.7	5.6	4.4	4.1	2.6	1.4	2.2	3.8	9.0	8.8	4.7	3.2
年	4.6	6.8	10.3	14.3	7.4	8.3	7.6	6.9	3.5	2.1	3.1	4.0	7.4	5.9	3.2	2.1

表 B.2.2-2　宝山国家基本气象站的平均风速(m/s)

风向	N	NNE	NE	ENE	E	ESE	SE	SSE	S	SSW	SW	WSW	W	WNW	NW	NNW
1月	2.9	2.7	2.6	2.5	2.0	2.2	1.9	2.2	2.0	1.8	1.9	1.8	2.8	3.4	3.5	3.0
2月	2.9	2.8	2.6	2.8	2.6	2.7	2.9	2.9	2.5	2.2	2.0	1.8	2.7	3.3	3.2	3.0
3月	3.2	3.2	2.8	3.0	2.9	2.9	2.7	2.8	2.8	2.6	2.5	2.0	2.8	3.4	3.2	3.2
4月	3.0	2.9	2.7	2.9	2.8	2.8	2.9	3.1	3.0	2.7	2.5	1.8	3.0	3.5	3.5	2.7
5月	2.6	2.6	2.6	3.0	2.8	2.9	3.0	3.1	2.9	2.5	2.5	2.2	3.0	3.0	2.6	2.6
6月	2.5	2.3	2.3	2.9	2.7	2.7	2.5	2.4	2.4	2.2	2.4	2.4	2.7	2.4	2.2	2.0
7月	2.2	2.5	2.5	3.0	2.7	2.8	2.9	3.0	2.9	2.6	2.8	2.3	2.4	2.3	2.4	2.3
8月	2.8	2.8	2.7	3.4	3.2	3.1	2.7	2.6	2.6	2.4	2.4	2.2	2.6	3.0	3.1	2.7
9月	2.9	2.7	2.6	3.0	2.8	2.5	2.3	2.4	2.1	1.9	2.4	1.6	2.2	2.7	2.9	3.0
10月	3.0	2.7	2.6	2.9	2.4	2.1	2.1	2.3	2.2	2.0	1.6	1.5	2.1	2.8	3.0	3.0
11月	2.9	2.7	2.5	2.4	2.2	2.1	1.9	2.4	2.4	2.1	1.9	1.7	2.7	2.9	2.9	3.1
12月	2.9	2.7	2.5	2.6	2.3	2.0	1.7	2.1	1.9	1.7	1.9	1.8	2.8	3.4	3.4	3.1
春季	2.9	2.7	2.6	3.0	2.9	2.9	2.9	3.0	2.9	2.5	2.5	2.1	2.9	3.2	3.1	2.7
夏季	2.6	2.7	2.6	3.1	2.9	2.8	2.7	2.9	2.7	2.5	2.6	2.3	2.5	2.7	2.8	2.5
秋季	2.9	2.7	2.6	2.8	2.4	2.2	2.0	2.4	2.3	2.0	1.9	1.7	2.6	3.1	3.2	3.2
冬季	3.0	2.9	2.6	2.7	2.4	2.5	2.4	2.6	2.6	2.2	2.0	1.8	2.8	3.3	3.4	3.1
年	2.9	2.8	2.6	2.9	2.6	2.6	2.5	2.7	2.6	2.3	2.3	2.0	2.7	3.1	3.1	2.9

表 B.2.2-3　宝山国家基本气象站的最大风速(m/s)

风向	N	NNE	NE	ENE	E	ESE	SE	SSE	S	SSW	SW	WSW	W	WNW	NW	NNW
1月	6.2	5.6	6.6	6.4	5.2	5.1	5.3	6.3	5.9	5.1	4.9	6.0	7.2	9.7	8.6	6.3
2月	6.9	6.4	6.6	6.2	7.0	7.4	6.2	8.2	6.4	5.4	6.7	5.6	8.4	8.5	6.6	7.1
3月	6.5	6.6	7.9	7.8	7.6	6.8	6.9	6.5	6.5	6.8	5.5	6.6	7.1	7.6	6.3	6.7
4月	6.0	5.8	6.1	6.2	7.6	7.5	7.0	7.7	6.7	5.6	6.4	6.6	9.2	8.5	7.2	5.5
5月	5.1	6.4	6.4	6.0	5.9	6.2	8.4	8.1	7.0	5.7	5.2	8.2	8.9	7.9	5.3	4.9
6月	5.1	5.1	5.2	7.2	7.8	8.9	6.6	6.5	5.6	6.6	5.4	6.9	8.0	6.4	5.4	4.2
7月	6.1	6.1	7.6	9.7	6.6	7.5	7.9	7.8	7.5	6.6	8.6	8.6	8.6	8.1	8.0	7.7

续表 B.2.2-3

风向	N	NNE	NE	ENE	E	ESE	SE	SSE	S	SSW	SW	WSW	W	WNW	NW	NNW
8月	5.6	6.3	8.2	12.3	10.2	8.6	7.4	6.7	6.1	5.2	7.0	6.6	8.8	10.0	8.2	7.3
9月	6.4	7.0	6.6	7.7	6.1	5.7	6.0	6.5	6.5	5.5	5.7	6.7	6.8	5.9	7.1	5.7
10月	7.1	6.8	6.7	6.7	5.5	5.0	4.8	5.3	6.5	4.7	4.1	5.7	7.1	7.0	7.2	7.0
11月	7.1	6.3	5.7	5.5	6.4	5.9	5.8	5.4	6.0	4.9	5.4	5.6	8.8	8.4	8.0	5.8
12月	5.8	6.5	5.8	5.8	6.2	5.6	6.9	6.1	5.4	4.9	4.8	5.1	10.2	7.8	7.5	6.6
春季	6.4	6.4	6.4	6.5	7.8	8.9	8.4	8.1	7.0	6.8	6.4	8.2	9.2	8.5	7.2	5.5
夏季	6.4	6.5	8.2	12.3	10.2	8.6	7.9	7.8	7.5	6.6	8.6	8.6	8.8	10.0	8.2	7.7
秋季	7.1	7.0	6.7	7.7	6.4	5.9	6.9	6.1	6.5	5.4	5.7	5.7	9.4	8.4	8.0	7.0
冬季	6.9	6.6	7.9	7.8	7.0	7.4	6.2	6.8	6.5	5.9	5.5	6.0	10.2	9.7	8.6	7.1
年	7.1	7.0	8.2	12.3	10.2	8.9	8.4	8.1	7.5	6.6	8.6	8.6	10.2	10.0	8.6	7.7

B.2.3 嘉定国家气象观测站的风向频率、平均风速和最大风速见表 B.2.3-1～表 B.2.3-3。

表 B.2.3-1 嘉定国家气象观测站的风向频率(%)

风向	N	NNE	NE	ENE	E	ESE	SE	SSE	S	SSW	SW	WSW	W	WNW	NW	NNW
1月	10.4	10.7	11.9	9.6	5.8	2.9	2.7	4.1	3.2	1.6	1.4	1.7	3.9	7.6	7.1	10.1
2月	9.6	10.0	10.4	9.6	10.1	4.8	4.6	7.6	3.8	1.9	1.6	1.3	2.8	5.9	5.7	7.1
3月	7.3	8.4	9.1	9.5	9.4	5.2	6.3	11.5	6.1	3.1	2.0	2.0	3.1	5.5	4.0	4.4
4月	4.8	6.2	7.4	7.4	8.6	6.2	8.3	14.7	7.8	4.0	2.9	2.0	2.6	5.1	3.8	4.9
5月	3.0	4.7	6.9	8.9	11.3	8.7	9.0	15.6	8.3	4.0	2.5	2.5	2.8	3.9	3.0	2.6
6月	2.3	3.5	6.1	12.4	14.0	9.4	8.8	11.1	8.9	5.5	4.2	3.1	2.4	2.9	1.4	1.4
7月	1.8	2.6	3.6	6.6	6.6	6.3	8.7	19.6	14.1	8.7	5.6	4.3	2.9	3.2	1.8	1.6
8月	3.3	5.0	8.0	13.1	11.2	8.8	8.1	11.7	7.5	4.0	2.9	2.4	2.4	3.7	2.8	2.7
9月	7.5	10.8	12.3	16.4	13.9	6.2	3.6	4.4	2.9	1.4	1.1	1.2	2.1	3.6	4.0	6.1
10月	8.7	14.2	13.9	13.0	9.8	3.7	3.4	3.4	2.6	1.3	1.3	1.3	2.2	4.1	4.1	7.2
11月	7.4	9.8	9.4	8.8	8.3	4.1	3.0	5.4	3.9	2.7	1.6	2.1	3.7	8.1	6.6	7.7
12月	8.3	7.9	8.4	7.6	6.8	2.3	1.8	3.6	2.6	2.1	2.0	3.1	5.8	10.9	10.3	10.7

续表 B.2.3-1

风向	N	NNE	NE	ENE	E	ESE	SE	SSE	S	SSW	SW	WSW	W	WNW	NW	NNW
春季	3.8	5.1	7.0	9.5	11.1	7.9	8.8	13.8	7.7	4.2	2.9	2.4	2.8	4.4	3.1	3.2
夏季	3.6	5.3	7.0	11.2	10.6	7.3	7.1	13.0	9.2	5.4	3.7	3.1	2.5	3.3	2.5	2.9
秋季	8.2	11.0	11.1	10.9	9.1	3.7	2.9	4.2	3.1	1.9	1.5	1.8	3.2	6.8	6.5	8.0
冬季	9.3	10.6	11.1	9.8	7.4	3.7	3.7	6.7	3.8	1.9	1.6	1.7	3.6	6.9	6.1	8.1
年	6.2	8.0	9.1	10.4	9.6	5.7	5.6	9.4	5.9	3.3	2.4	2.3	3.0	5.4	4.6	5.6

表 B.2.3-2 嘉定国家气象观测站的平均风速(m/s)

风向	N	NNE	NE	ENE	E	ESE	SE	SSE	S	SSW	SW	WSW	W	WNW	NW	NNW
1月	2.5	2.2	2.0	2.0	1.5	1.6	1.6	1.9	1.7	1.6	1.6	1.6	1.8	2.3	2.3	2.3
2月	2.5	2.5	2.3	2.2	2.0	2.0	2.0	2.5	1.9	1.6	1.6	1.6	1.9	2.3	2.3	2.3
3月	3.0	2.9	2.4	2.4	2.1	2.3	2.2	2.5	2.3	1.9	1.8	1.7	2.2	2.6	2.4	2.5
4月	2.7	2.6	2.3	2.3	2.0	2.2	2.5	2.7	2.2	2.0	1.7	1.8	2.0	3.1	2.6	2.6
5月	2.2	2.2	2.2	2.4	2.2	2.3	2.4	2.7	2.3	1.9	1.8	2.0	2.5	2.6	2.2	2.2
6月	1.9	1.9	2.0	2.3	2.1	2.0	1.9	2.2	1.9	1.8	1.9	2.2	2.2	2.3	2.0	1.9
7月	2.0	2.2	2.1	2.4	2.1	2.3	2.4	2.6	2.3	2.1	2.2	2.3	2.2	2.1	1.7	1.8
8月	2.4	2.3	2.4	2.7	2.4	2.6	2.3	2.4	2.1	1.9	1.6	2.0	2.2	2.2	2.4	2.2
9月	2.3	2.3	2.2	2.3	2.0	2.0	1.8	2.0	1.9	1.6	1.6	1.9	1.4	1.8	2.0	2.0
10月	2.4	2.3	2.1	2.3	1.8	1.7	1.9	1.9	1.8	1.4	1.2	1.3	1.7	2.1	2.0	2.1
11月	2.3	2.3	1.9	1.9	1.7	1.8	1.6	1.9	1.7	1.5	1.4	1.6	1.8	2.3	2.2	2.1
12月	2.6	2.1	2.0	2.0	1.6	1.7	1.6	1.7	1.6	1.5	1.4	1.4	1.7	2.4	2.4	2.3
春季	2.5	2.4	2.2	2.3	2.1	2.3	2.3	2.7	2.2	1.9	1.8	2.0	2.2	2.8	2.3	2.4
夏季	2.3	2.3	2.2	2.5	2.2	2.3	2.2	2.5	2.2	1.9	2.0	2.2	2.0	2.1	2.1	2.0
秋季	2.5	2.3	2.0	2.2	1.8	1.9	1.7	1.9	1.8	1.5	1.3	1.5	1.7	2.3	2.2	2.2
冬季	2.6	2.5	2.2	2.2	1.9	2.0	2.0	2.4	2.0	1.7	1.6	1.6	1.9	2.5	2.4	2.4
年	2.5	2.4	2.2	2.3	2.0	2.1	2.1	2.4	2.1	1.8	1.7	1.8	2.0	2.4	2.3	2.3

表 B.2.3-3　嘉定国家气象观测站的最大风速(m/s)

风向	N	NNE	NE	ENE	E	ESE	SE	SSE	S	SSW	SW	WSW	W	WNW	NW	NNW
1 月	6.9	6.1	7.1	8.4	4.2	5.0	4.7	5.3	5.6	4.4	3.3	5.3	6.2	9.2	8.6	6.1
2 月	6.9	7.1	7.3	5.7	5.0	5.2	5.3	6.8	6.5	4.3	4.6	5.0	9.4	7.7	7.6	7.9
3 月	8.6	7.0	11.4	9.0	5.0	5.8	5.4	5.8	6.0	5.8	5.1	4.4	6.4	6.6	6.6	6.5
4 月	7.8	6.2	5.6	5.5	5.6	6.0	6.4	7.0	5.9	6.3	6.0	7.8	7.4	8.4	7.0	6.4
5 月	5.0	6.8	7.0	5.9	5.8	6.1	6.1	6.9	6.6	5.6	5.6	5.2	8.0	9.6	4.5	5.4
6 月	5.8	5.2	4.5	6.8	4.9	6.5	5.0	5.7	5.8	4.8	5.2	5.4	6.1	6.9	4.9	6.5
7 月	5.9	6.4	6.3	6.8	5.6	6.4	6.9	6.6	5.6	5.9	7.6	7.4	8.1	7.8	4.4	7.5
8 月	6.3	6.1	6.7	9.3	9.9	7.0	6.7	7.3	6.5	4.2	4.1	4.3	7.9	6.0	6.2	7.0
9 月	6.7	6.6	8.1	5.9	5.6	5.8	4.5	5.8	4.8	4.2	5.2	5.8	4.5	5.3	5.0	5.1
10 月	7.3	7.0	6.9	6.5	5.2	3.9	4.6	4.6	5.1	5.6	3.4	4.7	5.4	7.0	5.9	8.0
11 月	7.3	7.7	5.1	6.0	5.2	5.4	4.5	5.0	5.0	4.6	4.5	5.5	5.4	6.5	6.2	6.4
12 月	6.1	6.4	5.8	5.1	4.4	5.3	4.4	5.5	5.5	4.6	3.4	4.8	6.3	7.0	7.0	6.8
春季	7.8	7.0	7.0	6.8	5.8	6.5	6.4	7.0	6.6	6.3	6.0	7.8	8.0	9.6	7.0	6.4
夏季	6.7	6.6	6.7	9.3	9.9	7.0	6.9	7.3	6.5	5.9	7.6	7.4	8.1	7.8	6.2	7.5
秋季	7.3	7.7	8.1	6.5	5.6	5.4	4.6	5.5	5.5	5.6	4.5	5.5	5.8	7.0	7.0	8.0
冬季	8.6	7.3	11.4	9.0	5.0	5.8	6.0	7.1	6.6	4.9	4.6	5.3	9.4	9.2	8.6	7.9
年	8.6	7.7	11.4	9.3	9.9	7.0	6.9	7.3	6.6	6.3	7.6	7.8	9.4	9.6	8.6	8.0

B.2.4　金山国家气象观测站的风向频率、平均风速和最大风速见表 B.2.4-1～表 B.2.4-3。

表 B.2.4-1　金山国家气象观测站的风向频率(%)

风向	N	NNE	NE	ENE	E	ESE	SE	SSE	S	SSW	SW	WSW	W	WNW	NW	NNW
1 月	7.5	8.2	10.1	8.0	6.4	6.4	3.7	2.2	1.9	1.2	1.5	3.3	5.2	9.0	10.5	11.9
2 月	6.6	6.8	8.6	7.9	11.5	11.3	5.2	3.0	2.4	1.7	1.7	2.4	3.5	6.9	6.9	10.8
3 月	5.2	6.0	7.3	8.6	12.7	14.3	8.8	4.6	3.8	2.2	1.8	2.0	3.2	5.9	5.1	6.1
4 月	3.1	3.5	4.8	6.5	13.6	19.3	11.4	6.0	4.8	2.5	2.2	2.4	3.6	5.2	4.5	4.9

续表 B.2.4-1

风向	N	NNE	NE	ENE	E	ESE	SE	SSE	S	SSW	SW	WSW	W	WNW	NW	NNW
5月	2.1	2.3	4.2	6.8	16.1	23.2	12.1	6.1	4.3	2.6	1.8	2.6	3.2	4.2	3.6	3.3
6月	1.4	2.5	4.6	9.1	18.0	19.9	10.6	5.7	5.0	4.3	4.4	3.2	2.6	3.4	2.2	1.8
7月	1.3	1.4	3.0	4.8	10.6	17.5	15.5	12.4	9.4	6.0	5.6	3.2	2.9	2.0	1.7	1.8
8月	2.3	4.0	7.1	9.9	14.2	15.5	11.5	8.0	5.3	2.5	2.2	3.2	3.6	3.6	2.7	3.5
9月	5.6	6.6	12.5	12.8	14.9	10.2	4.8	3.0	2.2	1.0	1.0	2.4	3.6	4.1	5.7	8.3
10月	8.3	10.0	12.6	12.3	9.4	6.9	4.2	3.3	1.7	0.9	0.9	2.1	3.3	5.0	6.0	10.5
11月	5.8	7.2	8.3	8.8	8.4	6.8	4.4	3.9	2.5	2.1	1.8	3.4	5.6	8.6	8.8	9.8
12月	6.6	5.7	7.8	8.1	6.2	3.8	2.1	1.8	1.7	1.3	2.0	5.9	7.6	12.2	11.0	12.6
春季	2.5	3.0	4.7	7.5	15.9	20.7	11.0	5.7	4.4	2.8	2.3	2.6	3.4	4.7	3.6	3.6
夏季	2.6	3.4	6.3	8.6	13.1	15.5	11.6	8.4	6.3	3.7	3.6	3.2	3.2	2.9	2.8	3.7
秋季	6.9	7.9	10.5	10.3	9.0	6.1	3.7	3.1	2.0	1.4	1.4	3.2	4.9	7.5	8.2	10.7
冬季	7.4	7.3	8.6	8.2	8.6	9.3	4.9	2.7	2.3	1.5	1.7	3.1	4.4	8.4	8.3	10.6
年	4.9	5.4	7.5	8.6	11.6	12.9	7.8	5.0	3.8	2.4	2.3	3.0	4.0	5.9	5.7	7.2

表 B.2.4-2 金山国家气象观测站的平均风速(m/s)

风向	N	NNE	NE	ENE	E	ESE	SE	SSE	S	SSW	SW	WSW	W	WNW	NW	NNW
1月	2.1	2.2	2.1	2.0	2.1	2.2	1.9	2.2	1.9	1.8	1.4	1.6	1.9	2.8	2.6	2.4
2月	2.5	2.4	2.3	2.6	2.8	2.8	2.6	2.3	2.2	1.6	1.6	1.6	2.1	2.7	2.5	2.6
3月	2.8	2.6	2.3	2.7	3.0	2.9	2.5	2.4	2.4	2.2	2.0	1.9	2.3	3.2	2.7	2.8
4月	2.5	2.4	2.3	2.5	2.8	3.0	2.8	2.5	2.5	2.2	2.2	2.0	2.3	3.3	2.8	2.7
5月	1.9	1.8	2.1	2.9	3.1	3.1	2.7	2.6	2.3	2.2	2.3	2.0	2.2	2.7	2.5	2.3
6月	1.4	1.8	1.9	2.7	2.9	2.9	2.4	2.1	2.1	2.1	2.4	2.3	2.3	2.5	2.2	1.8
7月	1.8	1.8	1.9	2.3	3.1	3.3	2.7	2.7	2.5	2.4	2.9	2.2	2.3	2.1	2.0	2.2
8月	2.1	2.3	2.3	3.3	3.6	3.5	2.8	2.6	2.4	2.7	2.1	2.2	2.4	2.8	2.4	2.3
9月	2.0	2.2	2.1	2.7	3.0	2.9	2.2	2.3	2.1	2.1	1.7	1.7	1.9	2.2	2.0	2.1
10月	2.1	2.2	2.1	2.4	2.5	2.6	2.2	2.2	1.8	1.7	1.3	1.3	2.0	2.3	2.3	2.2

续表 B.2.4-2

风向	N	NNE	NE	ENE	E	ESE	SE	SSE	S	SSW	SW	WSW	W	WNW	NW	NNW
11 月	2.0	2.1	1.8	2.1	2.4	2.3	2.0	2.0	1.9	1.8	1.5	1.5	1.9	2.7	2.4	2.4
12 月	2.2	2.1	1.9	2.1	2.3	2.1	1.9	1.9	1.6	1.6	1.5	1.6	2.1	2.9	2.6	2.5
春季	2.3	2.2	2.1	2.7	3.0	3.1	2.7	2.5	2.3	2.2	2.4	2.0	2.3	3.0	2.6	2.5
夏季	1.9	2.2	2.2	2.9	3.2	3.2	2.7	2.6	2.4	2.3	2.7	2.3	2.2	2.4	2.1	2.1
秋季	2.1	2.2	2.0	2.4	2.6	2.4	2.1	2.1	1.9	1.7	1.5	1.6	2.0	2.7	2.4	2.3
冬季	2.3	2.4	2.2	2.4	2.5	2.6	2.4	2.2	2.1	1.8	1.7	1.6	2.1	2.8	2.5	2.5
年	2.1	2.3	2.1	2.6	2.8	2.8	2.5	2.4	2.2	2.0	2.1	1.9	2.2	2.7	2.4	2.4

表 B.2.4-3　金山国家气象观测站的最大风速(m/s)

风向	N	NNE	NE	ENE	E	ESE	SE	SSE	S	SSW	SW	WSW	W	WNW	NW	NNW
1 月	7.1	6.3	6.1	6.4	5.9	4.9	5.2	5.3	4.4	3.9	4.6	4.7	8.5	8.2	6.7	7.3
2 月	5.8	7.2	6.6	7.3	8.0	6.2	7.4	6.9	5.1	3.8	5.6	4.6	9.1	8.8	6.3	6.7
3 月	7.1	7.2	7.1	8.0	7.0	6.3	5.9	5.8	6.2	4.2	5.3	5.1	6.8	7.9	6.4	6.3
4 月	8.6	6.8	5.9	8.5	6.6	7.0	6.6	5.9	6.8	5.6	8.2	5.4	8.0	10.3	8.0	7.1
5 月	6.0	4.0	6.3	9.2	9.9	6.9	7.1	5.3	6.4	4.5	6.7	6.3	8.2	7.1	5.9	5.6
6 月	4.5	5.6	4.7	7.0	8.0	8.9	5.5	4.5	4.7	4.7	6.7	6.7	7.1	7.8	7.0	6.6
7 月	5.0	7.0	8.1	7.5	8.1	8.9	6.8	6.1	7.2	5.6	8.7	7.1	7.1	6.1	5.4	5.8
8 月	6.7	9.8	8.6	15.5	17.1	11.6	7.8	6.1	5.2	8.2	6.0	6.1	6.1	7.5	8.0	7.8
9 月	7.0	7.0	6.5	8.1	8.0	7.1	5.2	4.6	5.2	4.5	4.2	5.5	4.8	6.0	5.6	6.5
10 月	7.4	6.5	6.1	7.4	6.8	5.3	4.6	4.9	4.4	3.4	4.4	4.2	6.4	6.4	6.8	5.9
11 月	5.5	6.1	5.7	7.2	8.3	5.7	4.1	5.0	3.9	3.7	4.9	4.8	5.6	7.8	7.6	9.2
12 月	7.0	6.1	5.7	7.7	6.5	5.8	5.5	4.8	5.4	3.9	7.8	5.2	7.7	8.8	6.8	6.4
春季	8.6	6.8	6.3	9.2	9.9	8.9	7.1	5.9	6.8	5.6	8.2	6.3	8.2	10.3	8.0	7.1
夏季	7.0	9.8	8.6	15.5	17.1	11.6	7.8	6.1	7.2	8.2	8.7	7.1	7.1	7.8	8.0	7.8
秋季	7.4	6.5	6.5	8.1	8.3	6.3	5.5	5.0	5.4	4.5	4.9	5.5	7.7	7.8	7.6	9.2
冬季	6.6	7.2	7.1	8.0	8.0	6.3	5.7	5.5	6.2	4.1	7.8	5.1	9.1	8.8	6.8	6.7
年	8.6	9.8	8.6	15.5	17.1	11.6	7.8	6.1	7.2	8.2	8.7	7.1	9.1	10.3	8.0	9.2

B.2.5 青浦国家气象观测站的风向频率、平均风速和最大风速见表 B.2.5-1～表 B.2.5-3。

表 B.2.5-1 青浦国家气象观测站的风向频率(%)

风向	N	NNE	NE	ENE	E	ESE	SE	SSE	S	SSW	SW	WSW	W	WNW	NW	NNW
1月	9.7	9.4	11.5	7.5	6.8	4.7	4.3	2.0	1.4	1.0	1.2	2.1	5.2	8.7	9.5	9.3
2月	7.8	9.2	10.7	6.9	10.1	9.3	6.4	2.8	1.8	1.4	1.2	1.8	3.9	5.6	7.3	8.3
3月	6.4	7.7	8.5	6.7	11.5	12.2	10.6	3.9	2.9	1.9	1.6	2.2	4.5	5.0	4.8	5.2
4月	4.6	4.9	6.0	4.7	9.6	15.4	14.2	6.5	4.2	2.6	2.0	2.5	4.7	4.6	5.3	4.1
5月	3.0	3.7	5.4	5.7	13.6	17.7	16.3	6.6	4.0	2.0	1.9	2.7	4.7	3.4	3.8	2.4
6月	2.1	3.4	5.1	6.7	15.2	19.0	12.5	6.4	5.6	3.6	3.3	4.0	3.9	2.3	2.1	1.6
7月	1.7	2.2	2.8	3.2	9.9	13.4	18.2	12.3	7.9	5.7	5.4	5.1	4.6	2.0	1.7	1.4
8月	3.4	5.0	7.8	7.7	14.2	13.9	12.6	6.6	4.7	3.1	2.6	4.2	3.7	2.7	2.4	2.4
9月	8.2	10.0	11.3	9.7	14.6	9.3	5.6	2.5	1.8	1.3	1.0	1.5	3.5	3.6	5.1	6.0
10月	10.1	12.6	13.3	8.8	11.0	5.5	4.4	2.3	1.6	1.0	1.0	1.7	3.2	3.4	5.5	7.9
11月	7.7	8.0	8.2	7.2	11.1	5.6	4.4	2.4	2.3	1.5	1.7	2.4	5.8	7.8	7.9	7.1
12月	7.4	7.6	7.8	6.9	6.5	3.9	2.4	1.4	1.3	1.3	2.2	2.8	8.0	11.0	11.6	9.6
春季	3.6	4.4	5.6	5.6	12.9	17.1	14.3	5.9	4.2	2.5	2.1	2.9	4.6	3.8	4.0	3.1
夏季	3.6	4.8	6.6	6.5	12.9	13.0	12.9	7.8	5.5	3.8	3.5	4.0	3.9	2.5	2.6	2.7
秋季	8.5	9.8	10.2	8.2	10.3	5.5	4.0	2.1	1.8	1.2	1.4	2.0	5.1	6.6	7.7	7.9
冬季	8.5	9.7	10.4	7.1	8.5	7.6	6.1	2.6	1.7	1.2	1.4	2.1	4.7	7.0	8.0	7.9
年	6.1	7.2	8.2	6.9	11.1	10.8	9.3	4.6	3.3	2.2	2.1	2.8	4.6	5.0	5.6	5.4

表 B.2.5-2 青浦国家气象观测站的平均风速(m/s)

风向	N	NNE	NE	ENE	E	ESE	SE	SSE	S	SSW	SW	WSW	W	WNW	NW	NNW
1月	1.8	2.2	2.6	1.9	1.7	2.1	2.3	1.9	1.8	1.2	1.2	1.3	1.8	2.5	2.6	2.2
2月	1.9	2.4	2.9	2.2	2.3	2.8	2.7	2.2	1.6	1.7	1.6	1.3	2.0	2.3	2.6	2.3
3月	2.3	2.7	2.9	2.4	2.3	3.0	2.8	2.3	2.1	2.0	1.6	1.6	2.5	2.7	2.7	2.4
4月	2.0	2.5	2.8	2.1	2.4	2.9	3.0	2.4	2.1	1.7	1.6	1.7	2.6	2.8	2.8	2.2

续表 B.2.5-2

风向	N	NNE	NE	ENE	E	ESE	SE	SSE	S	SSW	SW	WSW	W	WNW	NW	NNW
5 月	1.8	2.0	2.6	2.1	2.3	2.8	3.0	2.5	2.0	1.8	1.6	2.0	2.6	2.5	2.6	1.9
6 月	1.5	2.0	2.3	1.9	2.2	2.5	2.6	1.9	1.7	1.6	1.5	2.0	2.4	2.1	2.0	1.6
7 月	1.4	2.1	2.2	1.9	2.1	2.7	2.7	2.2	2.0	1.9	1.8	2.0	2.3	2.0	1.9	1.7
8 月	1.8	2.4	2.7	2.4	2.5	2.8	2.8	2.3	1.9	1.7	1.6	2.0	2.3	2.5	2.5	2.0
9 月	1.7	2.3	2.6	2.3	2.2	2.5	2.4	2.2	1.7	1.6	1.3	1.5	1.7	1.9	2.1	1.9
10 月	1.7	2.2	2.7	2.2	1.9	2.1	2.3	2.0	1.7	1.5	1.2	1.3	1.8	1.9	2.3	1.9
11 月	1.6	2.1	2.4	1.7	1.8	2.2	2.2	2.0	1.6	1.4	1.1	1.4	1.9	2.3	2.5	1.9
12 月	1.8	2.2	2.6	2.0	1.9	2.1	1.8	1.8	1.7	1.3	1.2	1.3	1.9	2.5	2.6	2.2
春季	1.9	2.3	2.6	2.1	2.3	2.9	3.0	2.3	2.0	1.8	1.6	1.9	2.5	2.6	2.6	2.2
夏季	1.7	2.2	2.7	2.2	2.3	2.7	2.7	2.3	1.9	1.8	1.7	2.0	2.2	2.2	2.3	1.9
秋季	1.7	2.2	2.6	2.0	2.0	2.2	2.3	2.0	1.7	1.5	1.1	1.4	1.9	2.2	2.4	2.0
冬季	1.9	2.4	2.8	2.2	2.1	2.6	2.7	2.2	1.9	1.6	1.4	1.4	2.1	2.4	2.6	2.2
年	1.8	2.3	2.7	2.1	2.2	2.6	2.7	2.2	1.9	1.7	1.5	1.7	2.2	2.4	2.5	2.1

表 B.2.5-3　青浦国家气象观测站的最大风速(m/s)

风向	N	NNE	NE	ENE	E	ESE	SE	SSE	S	SSW	SW	WSW	W	WNW	NW	NNW
1 月	5.3	6.2	8.2	6.1	4.9	6.1	5.6	5.3	5.0	3.4	3.0	5.3	6.0	8.4	7.2	6.0
2 月	5.1	6.5	7.4	6.8	6.5	7.8	7.2	5.6	4.6	3.5	4.1	4.7	6.5	6.0	6.1	5.8
3 月	5.8	8.1	8.0	8.9	6.8	7.0	6.8	6.0	5.1	4.5	4.7	4.2	6.3	6.7	6.5	5.9
4 月	5.8	8.3	7.6	6.8	6.4	8.4	8.1	5.4	4.7	4.8	5.2	4.9	7.3	7.0	7.6	5.4
5 月	3.9	6.2	7.0	6.4	5.8	7.2	8.8	6.6	5.6	4.0	3.6	5.8	7.0	6.6	5.8	4.4
6 月	3.5	5.4	6.2	6.1	6.4	10.7	8.7	4.8	5.2	4.7	4.0	6.6	7.8	5.6	6.8	5.6
7 月	5.3	7.7	8.1	6.9	7.1	9.1	7.8	8.0	5.6	5.9	4.9	5.7	7.5	5.0	5.2	4.8
8 月	4.5	6.6	10.3	12.2	13.7	12.0	9.0	6.8	4.4	6.0	6.6	5.9	6.3	6.8	7.8	7.1
9 月	5.1	6.3	7.0	7.0	5.6	5.0	6.0	5.3	3.7	4.3	3.1	5.0	6.3	5.6	5.7	4.9
10 月	5.5	7.0	6.4	5.9	7.2	5.3	5.0	4.7	4.5	3.5	2.6	4.8	5.4	6.0	6.2	5.9
11 月	4.6	6.0	6.3	4.9	5.7	6.4	6.5	5.3	3.9	4.1	3.2	3.9	6.1	6.5	7.3	6.8
12 月	4.5	5.7	7.9	5.6	6.1	5.6	6.7	4.4	4.2	3.3	3.4	4.5	9.0	7.1	6.8	5.5

续表 B.2.5-3

风向	N	NNE	NE	ENE	E	ESE	SE	SSE	S	SSW	SW	WSW	W	WNW	NW	NNW
春季	5.8	8.3	7.6	7.3	6.8	10.7	8.8	6.6	5.6	4.8	5.2	5.8	7.3	7.0	7.6	5.4
夏季	5.3	7.7	10.3	12.2	13.7	12.0	9.0	8.0	5.6	6.0	6.6	6.6	7.8	6.8	7.8	7.1
秋季	5.5	7.0	7.0	7.0	7.2	6.4	6.7	5.3	4.5	4.3	3.4	4.8	6.1	6.5	7.3	6.8
冬季	5.8	8.1	8.2	8.9	6.7	7.8	7.2	6.0	5.3	4.3	4.7	5.3	9.0	8.4	6.9	5.9
年	5.8	8.3	10.3	12.2	13.7	12.0	9.0	8.0	5.6	6.0	6.6	6.6	9.0	8.4	7.8	7.1

B.2.6 松江国家气象观测站的风向频率、平均风速和最大风速见表 B.2.6-1～表 B.2.6-3。

表 B.2.6-1 松江国家气象观测站的风向频率(%)

风向	N	NNE	NE	ENE	E	ESE	SE	SSE	S	SSW	SW	WSW	W	WNW	NW	NNW
1月	11.8	11.3	6.5	5.8	5.2	4.8	7.2	1.2	0.9	0.7	1.0	2.2	7.7	9.6	8.9	8.9
2月	10.2	10.2	5.8	7.6	7.6	8.1	10.7	2.3	1.7	1.4	1.1	1.9	5.1	6.5	7.2	8.1
3月	8.5	9.0	4.2	6.9	7.9	11.2	17.9	2.8	2.1	2.0	1.7	2.3	6.0	5.8	3.9	5.0
4月	6.1	6.1	3.3	4.5	6.6	13.3	23.9	4.5	2.5	2.1	2.3	2.3	6.2	5.2	4.4	4.5
5月	3.4	4.4	3.1	5.9	8.5	16.6	25.3	5.0	2.5	2.3	1.8	2.4	5.5	5.1	3.0	2.8
6月	2.4	3.8	3.4	8.2	11.2	17.0	19.1	5.1	2.9	3.3	4.2	4.3	5.9	3.4	1.9	1.6
7月	1.6	2.5	2.4	3.4	5.4	12.7	27.6	8.4	5.5	4.2	5.6	5.8	6.3	3.4	1.7	1.6
8月	3.7	5.2	4.9	10.6	9.8	13.0	20.6	5.1	2.7	2.4	2.5	3.4	5.3	3.6	3.0	2.9
9月	8.1	9.9	8.0	11.8	11.6	10.1	8.4	2.0	1.1	1.2	1.2	1.4	4.0	5.0	5.2	7.1
10月	10.5	13.0	9.2	9.8	8.4	6.1	6.7	1.8	1.1	1.2	0.8	1.2	5.0	5.5	6.0	8.2
11月	8.2	9.4	6.3	6.2	7.6	5.6	7.5	2.0	1.4	1.3	1.6	2.2	8.4	9.3	6.9	7.2
12月	9.0	8.1	5.4	5.6	5.3	3.9	3.8	1.2	0.8	1.3	1.4	2.9	11.3	13.2	8.4	10.0
春季	4.6	5.2	3.2	6.0	8.8	15.6	22.7	4.3	2.5	2.3	2.4	2.8	6.0	4.9	3.3	3.2
夏季	3.6	5.2	4.3	8.1	8.8	12.4	20.3	5.8	3.5	3.1	3.6	4.0	5.4	3.6	2.8	3.3
秋季	9.4	10.2	7.5	8.2	7.7	5.6	6.4	1.7	1.1	1.2	1.2	1.8	7.2	8.4	7.0	8.2
冬季	10.9	10.7	5.6	6.1	6.4	7.1	9.8	2.1	1.4	1.3	1.1	2.1	6.4	8.1	7.2	8.5
年	7.1	7.8	5.2	7.1	7.9	10.2	14.8	3.5	2.1	2.0	2.1	2.7	6.3	6.3	5.1	5.8

表 B.2.6-2 松江国家气象观测站的平均风速(m/s)

风向	N	NNE	NE	ENE	E	ESE	SE	SSE	S	SSW	SW	WSW	W	WNW	NW	NNW
1月	2.2	2.2	1.8	1.9	1.5	1.7	2.0	1.6	1.1	1.2	1.1	1.5	1.5	2.3	2.1	2.2
2月	2.4	2.6	2.1	2.1	1.9	2.1	2.5	1.4	1.2	1.2	1.4	1.5	1.7	2.1	2.1	2.2
3月	2.7	2.9	2.1	2.2	2.0	2.2	2.6	1.6	1.5	1.7	1.6	1.5	2.0	2.5	2.1	2.5
4月	2.5	2.7	2.1	2.1	2.1	2.3	2.8	1.8	1.6	1.5	1.6	1.8	2.2	2.3	2.3	2.3
5月	2.2	2.3	1.9	2.2	2.1	2.4	2.8	1.9	1.6	1.6	1.5	1.7	2.1	2.3	2.0	2.0
6月	1.6	2.0	1.7	2.0	2.0	2.2	2.4	1.6	1.3	1.4	1.6	1.7	2.0	1.8	1.6	1.6
7月	1.9	2.0	2.0	2.1	2.0	2.4	2.6	1.8	1.6	1.7	1.9	2.0	2.1	1.8	1.6	1.7
8月	2.4	2.6	2.4	2.5	2.4	2.5	2.6	2.0	1.6	1.7	1.7	1.9	2.0	2.0	2.1	2.0
9月	2.3	2.4	2.1	2.3	2.0	2.2	2.3	1.7	1.4	1.5	1.4	1.5	1.6	1.7	1.7	1.9
10月	2.3	2.4	2.1	2.2	1.8	1.8	2.1	1.7	1.4	1.4	1.2	1.3	1.6	1.7	1.9	2.0
11月	2.1	2.3	1.9	1.6	1.7	1.7	2.0	1.4	1.3	1.4	1.2	1.4	1.6	2.0	1.8	2.0
12月	2.3	2.2	1.7	2.0	1.8	1.7	1.8	1.4	1.2	1.1	1.1	1.3	1.7	2.2	2.1	2.2
春季	2.3	2.5	2.0	2.1	2.1	2.3	2.8	1.8	1.6	1.5	1.6	1.8	2.1	2.2	2.1	2.1
夏季	2.2	2.4	2.2	2.3	2.1	2.3	2.6	1.9	1.5	1.6	1.7	1.9	2.0	1.9	1.8	1.9
秋季	2.3	2.3	2.0	2.1	1.9	1.8	2.0	1.5	1.3	1.3	1.2	1.3	1.7	2.0	1.9	2.1
冬季	2.4	2.6	2.1	2.1	1.9	2.0	2.5	1.8	1.4	1.3	1.3	1.5	1.8	2.3	2.2	2.3
年	2.3	2.5	2.1	2.2	2.0	2.1	2.5	1.8	1.5	1.4	1.5	1.6	1.9	2.1	2.0	2.1

表 B.2.6-3 松江国家气象观测站的最大风速(m/s)

风向	N	NNE	NE	ENE	E	ESE	SE	SSE	S	SSW	SW	WSW	W	WNW	NW	NNW
1月	6.8	6.6	7.1	5.5	4.4	4.5	5.6	5.5	4.4	4.3	2.7	4.5	6.2	7.9	7.2	7.0
2月	5.8	8.9	7.3	4.9	4.6	5.4	6.5	6.0	5.4	4.2	3.2	4.0	9.2	8.2	6.8	7.1
3月	6.3	7.7	6.4	6.1	5.0	6.4	6.2	5.3	5.3	6.1	3.6	3.9	6.0	8.5	7.3	7.3
4月	6.1	6.4	5.8	6.1	5.6	6.6	6.9	6.3	5.2	6.9	5.7	5.4	7.1	8.1	6.2	5.7
5月	5.8	5.9	5.8	5.8	4.5	6.5	7.0	6.1	4.4	6.1	5.0	5.0	7.1	7.9	5.1	5.2
6月	8.7	5.4	5.0	5.6	4.8	6.4	6.6	5.9	4.1	4.9	5.0	5.5	6.0	5.7	5.7	5.7
7月	6.6	6.9	7.4	6.3	5.9	8.4	7.4	7.5	5.4	7.3	8.0	7.7	6.4	5.8	6.5	5.6

续表 B.2.6-3

风向	N	NNE	NE	ENE	E	ESE	SE	SSE	S	SSW	SW	WSW	W	WNW	NW	NNW
8月	7.0	6.9	8.5	9.4	9.3	7.7	7.1	7.3	4.9	9.0	3.8	5.5	6.2	5.5	6.4	6.9
9月	5.9	7.1	6.7	5.6	4.7	5.5	5.3	5.7	3.9	4.5	3.7	3.8	5.0	4.4	4.9	5.1
10月	6.6	6.6	6.7	6.1	4.9	4.3	5.4	5.1	4.4	5.5	2.7	3.9	5.3	5.3	8.3	7.9
11月	6.9	6.2	6.6	4.0	4.2	4.7	4.4	3.5	4.3	4.2	3.2	4.2	5.4	6.0	6.6	5.8
12月	5.8	6.8	5.5	4.6	4.3	5.4	5.6	5.7	3.2	3.2	3.4	3.2	5.9	6.5	6.0	6.2
春季	8.7	6.4	5.8	6.1	5.6	6.6	7.0	6.3	5.3	6.9	5.7	5.4	7.1	8.1	6.2	5.7
夏季	7.0	7.1	8.5	9.4	9.3	8.4	7.4	7.5	5.4	9.0	8.0	7.7	6.4	5.8	6.5	6.9
秋季	6.9	6.6	6.7	6.1	4.9	5.5	5.6	5.4	4.4	5.5	3.7	4.2	5.4	6.0	8.3	7.9
冬季	6.8	8.9	7.3	6.1	4.7	6.4	6.5	6.6	7.1	4.3	3.7	5.1	9.2	8.5	7.3	7.3
年	8.7	8.9	8.5	9.4	9.3	8.4	7.4	7.5	7.1	9.0	8.0	7.7	9.2	8.5	8.3	7.9

B.2.7 奉贤国家气象观测站的风向频率、平均风速和最大风速见表 B.2.7-1～表 B.2.7-3。

表 B.2.7-1 奉贤国家气象观测站的风向频率(%)

风向	N	NNE	NE	ENE	E	ESE	SE	SSE	S	SSW	SW	WSW	W	WNW	NW	NNW
1月	9.3	11.6	12.5	6.8	4.8	3.6	4.1	3.1	1.5	0.7	1.0	2.9	6.3	9.4	10.5	8.1
2月	8.0	10.2	10.0	9.4	6.2	6.4	5.8	5.3	3.0	1.1	1.0	1.9	3.9	6.1	8.5	7.4
3月	6.7	8.8	8.6	8.8	7.4	9.5	10.6	9.1	4.3	1.4	1.2	2.0	4.4	5.4	4.8	4.6
4月	3.7	5.2	5.7	7.2	8.9	12.8	13.8	12.3	5.2	1.5	1.5	2.2	3.7	5.4	5.2	3.3
5月	2.6	3.6	5.7	8.1	9.4	16.0	15.6	12.9	5.8	1.7	1.0	2.3	3.6	4.5	3.5	1.7
6月	1.7	3.0	6.1	11.4	11.7	15.5	13.2	10.2	6.4	3.0	2.8	3.8	3.4	3.0	1.8	1.1
7月	1.1	1.5	3.8	4.5	6.4	11.9	19.6	19.2	11.3	4.2	3.5	3.8	2.9	2.2	1.2	0.9
8月	3.2	5.1	9.6	10.8	9.5	11.0	14.9	12.0	5.1	1.8	2.0	2.8	3.3	2.8	2.4	1.7
9月	8.5	9.8	13.5	15.0	9.7	7.5	6.0	4.2	2.0	0.7	0.7	1.6	3.7	4.5	4.4	4.5
10月	11.3	12.7	14.7	11.7	6.3	4.3	4.4	3.6	1.7	0.7	0.8	1.6	4.2	5.4	5.6	7.2
11月	7.0	10.5	10.5	9.8	6.0	4.0	4.7	4.4	2.3	1.4	1.4	3.2	6.7	9.5	7.8	5.7

续表 B.2.7-1

风向	N	NNE	NE	ENE	E	ESE	SE	SSE	S	SSW	SW	WSW	W	WNW	NW	NNW
12 月	7.6	8.4	10.2	7.4	4.1	2.3	2.0	2.5	1.5	0.8	1.3	4.6	9.6	12.3	12.8	8.3
春季	3.1	4.5	6.1	8.6	9.8	14.7	14.1	11.2	5.4	1.9	1.5	2.5	3.8	4.7	3.7	2.4
夏季	3.4	4.5	7.9	9.6	8.8	10.6	14.4	13.0	6.9	2.6	2.5	3.1	3.2	2.8	2.3	2.0
秋季	8.9	10.8	12.3	10.6	5.9	4.0	3.9	3.5	1.9	0.9	1.0	2.6	6.1	8.1	8.1	6.7
冬季	7.9	11.0	11.2	8.1	5.7	5.3	5.6	5.2	2.5	0.9	0.9	2.5	5.0	7.7	9.0	7.0
年	5.8	7.7	9.4	9.2	7.6	8.6	9.5	8.2	4.2	1.6	1.5	2.7	4.5	5.8	5.8	4.5

表 B.2.7-2 奉贤国家气象观测站的平均风速(m/s)

风向	N	NNE	NE	ENE	E	ESE	SE	SSE	S	SSW	SW	WSW	W	WNW	NW	NNW
1 月	2.4	2.5	2.4	1.8	1.9	2.4	2.6	2.4	2.1	1.3	1.4	1.5	1.8	2.7	3.0	2.7
2 月	2.5	2.8	2.5	2.2	2.2	2.9	3.1	2.7	2.1	1.8	1.4	1.5	2.0	2.6	2.9	2.6
3 月	2.9	3.0	2.7	2.5	2.4	3.0	3.2	3.0	2.6	1.9	1.6	1.7	2.3	2.9	3.1	3.0
4 月	2.6	2.9	2.7	2.3	2.4	3.2	3.4	3.2	2.8	2.0	1.7	1.9	2.5	3.2	3.2	2.9
5 月	2.2	2.4	2.4	2.4	2.5	3.3	3.6	3.2	2.6	1.9	1.4	1.8	2.4	3.0	2.8	2.2
6 月	1.8	2.0	2.1	2.2	2.4	3.0	3.1	2.6	2.3	2.1	1.8	2.1	2.4	2.6	2.6	1.7
7 月	2.1	2.5	2.2	2.2	2.5	3.4	3.7	3.2	2.9	2.2	2.3	2.4	2.4	2.5	1.9	1.9
8 月	2.3	2.6	2.8	2.8	2.9	3.7	3.6	3.2	2.7	2.3	1.9	2.2	2.4	2.6	3.1	2.4
9 月	2.4	2.5	2.4	2.5	2.4	3.0	3.0	2.9	2.5	1.7	1.7	1.9	1.9	2.2	2.4	2.3
10 月	2.4	2.6	2.7	2.1	2.0	2.5	2.9	2.7	2.5	1.5	1.3	1.3	1.7	2.2	2.5	2.6
11 月	2.2	2.5	2.0	1.8	2.0	2.6	2.7	2.4	2.3	1.8	1.6	1.4	2.0	2.5	2.7	2.5
12 月	2.5	2.3	2.1	2.0	1.9	2.1	2.2	2.3	2.0	1.5	1.2	1.6	1.9	2.8	2.9	2.7
春季	2.4	2.7	2.5	2.4	2.4	3.3	3.5	3.1	2.6	2.1	1.7	1.9	2.5	3.0	3.0	2.7
夏季	2.3	2.5	2.6	2.5	2.5	3.3	3.6	3.2	2.8	2.2	2.2	2.3	2.3	2.4	2.5	2.4
秋季	2.4	2.6	2.3	2.2	2.1	2.6	2.8	2.6	2.3	1.6	1.4	1.5	1.9	2.5	2.7	2.6
冬季	2.5	2.7	2.5	2.1	2.1	2.8	3.0	2.7	2.5	1.6	1.4	1.6	1.9	2.7	3.0	2.8
年	2.4	2.6	2.5	2.3	2.3	3.0	3.2	2.9	2.6	1.9	1.7	1.8	2.2	2.7	2.8	2.6

表 B.2.7-3　奉贤国家气象观测站的最大风速(m/s)

风向	N	NNE	NE	ENE	E	ESE	SE	SSE	S	SSW	SW	WSW	W	WNW	NW	NNW
1月	6.2	6.7	7.2	4.9	5.1	5.3	5.6	5.8	5.5	4.0	3.9	4.4	5.8	8.7	9.3	7.1
2月	5.8	7.6	6.9	6.5	7.4	7.5	7.8	7.1	5.7	3.6	3.7	4.6	8.0	8.1	7.8	6.3
3月	8.2	7.3	9.2	7.1	6.9	7.2	7.7	6.7	5.6	4.1	3.8	5.0	6.7	7.2	7.4	6.5
4月	6.1	7.5	7.7	5.6	7.7	7.1	7.9	7.2	6.5	6.9	6.1	5.7	8.5	8.2	8.1	7.2
5月	5.7	6.1	7.3	7.4	7.1	7.7	8.8	8.7	6.7	5.5	4.4	5.0	8.0	8.7	6.1	5.2
6月	5.4	4.6	6.3	8.2	11.4	10.4	9.4	7.1	5.3	7.2	4.8	7.4	8.5	8.2	8.6	6.3
7月	5.5	9.3	10.5	7.6	8.9	8.6	9.6	8.7	7.5	5.6	6.5	7.3	7.6	6.4	5.8	7.5
8月	7.3	8.2	11.5	13.8	13.1	11.4	9.1	10.0	8.4	7.0	6.1	5.5	6.6	8.7	9.3	7.6
9月	7.1	7.1	6.4	8.3	7.1	7.3	6.8	6.4	5.3	4.0	4.7	5.4	5.6	7.0	5.8	6.1
10月	7.3	7.7	6.9	7.3	5.4	5.7	6.5	5.9	5.4	3.8	4.3	3.7	6.8	6.7	7.1	6.7
11月	5.9	6.9	6.1	5.4	6.7	6.6	6.2	5.5	5.5	4.3	5.1	4.3	7.5	8.1	7.2	6.6
12月	7.0	7.8	7.1	6.0	6.3	5.4	6.2	5.9	4.4	3.9	5.7	5.0	8.2	9.2	7.9	6.6
春季	6.7	7.5	7.7	7.4	11.4	10.4	9.4	8.7	6.7	7.2	6.1	7.4	8.5	8.7	8.1	7.2
夏季	7.3	9.3	11.5	13.8	13.1	11.4	9.6	10.0	8.4	7.0	6.5	7.3	8.5	8.7	9.3	7.6
秋季	7.3	7.7	6.9	8.3	7.1	6.6	6.5	6.4	5.5	4.3	5.1	5.4	7.5	8.1	7.9	6.7
冬季	8.2	7.8	9.2	7.1	7.4	7.5	7.7	6.9	6.9	4.3	5.7	4.9	8.2	9.2	9.3	7.1
年	8.2	9.3	11.5	13.8	13.1	11.4	9.6	10.0	8.4	7.2	6.5	7.4	8.5	9.2	9.3	7.6

B.2.8　惠南国家气象观测站的风向频率、平均风速和最大风速见表 B.2.8-1～表 B.2.8-3。

表 B.2.8-1　惠南国家气象观测站的风向频率(%)

风向	N	NNE	NE	ENE	E	ESE	SE	SSE	S	SSW	SW	WSW	W	WNW	NW	NNW
1月	17.4	14.1	8.6	4.3	3.5	3.2	3.5	2.9	3.8	1.9	1.4	1.7	2.9	5.6	7.7	13.5
2月	14.8	13.0	7.3	7.6	7.0	5.3	4.8	4.7	5.4	3.5	1.5	1.3	2.0	2.9	4.9	10.7
3月	10.3	11.0	7.9	7.3	6.4	5.9	7.4	8.7	9.8	4.7	1.5	1.3	2.0	3.4	3.8	5.5
4月	6.8	8.2	6.2	6.8	5.1	7.1	10.8	12.4	11.7	5.2	1.9	1.5	2.2	3.3	3.4	4.5

续表 B.2.8-1

风向	N	NNE	NE	ENE	E	ESE	SE	SSE	S	SSW	SW	WSW	W	WNW	NW	NNW
5月	4.6	5.1	4.9	7.3	7.2	10.2	13.9	11.1	14.1	4.4	1.7	1.5	2.2	2.5	2.7	3.0
6月	3.2	4.1	4.9	10.4	10.1	10.7	13.2	9.9	11.4	6.8	2.7	2.1	2.2	2.0	1.4	1.7
7月	1.9	2.7	2.7	4.5	4.9	7.6	13.3	17.1	24.2	8.2	3.0	1.4	1.7	1.5	1.1	1.3
8月	3.7	6.2	5.2	10.0	8.5	10.1	12.1	13.3	11.1	3.7	1.5	1.6	1.7	2.3	1.9	2.5
9月	10.0	11.7	10.5	13.8	9.4	7.8	6.0	4.3	3.8	1.7	0.9	1.3	1.4	2.9	3.6	5.6
10月	13.6	16.0	12.0	9.8	4.8	3.6	4.5	3.1	2.7	1.2	0.8	0.8	1.5	3.5	4.7	8.2
11月	12.1	10.6	5.6	6.4	6.2	4.4	4.1	3.8	3.7	3.1	1.6	1.6	2.7	6.1	8.0	10.1
12月	13.8	9.9	6.5	4.9	4.0	1.9	2.4	2.2	3.1	2.0	2.1	2.6	4.2	9.8	11.7	14.4
春季	5.4	6.3	5.7	8.1	7.4	9.0	12.4	11.1	11.8	5.0	1.9	1.6	2.2	2.9	2.8	3.3
夏季	4.4	5.9	5.0	8.6	7.5	8.9	11.2	12.6	14.6	5.4	2.2	1.6	1.7	2.1	1.9	2.5
秋季	12.8	12.5	9.0	8.3	5.4	3.8	3.9	3.0	3.1	2.0	1.3	1.4	2.5	5.7	7.2	9.9
冬季	15.6	13.4	7.6	5.9	5.0	3.8	4.4	4.6	5.3	2.9	1.4	1.7	2.6	4.6	6.2	11.3
年	9.6	9.5	6.8	7.7	6.3	6.4	8.0	7.8	8.7	3.8	1.7	1.6	2.3	3.8	4.5	6.8

表 B.2.8-2 惠南国家气象观测站的平均风速(m/s)

风向	N	NNE	NE	ENE	E	ESE	SE	SSE	S	SSW	SW	WSW	W	WNW	NW	NNW
1月	3.4	3.4	2.7	1.9	1.8	1.8	1.6	1.8	2.1	1.6	1.2	1.6	1.8	2.1	2.4	3.1
2月	3.6	3.8	2.6	2.2	2.0	1.9	2.0	2.5	2.9	2.1	1.5	1.5	1.7	2.3	2.5	3.1
3月	4.0	4.0	3.0	2.4	2.2	2.2	2.1	2.4	3.0	2.6	1.9	1.5	2.0	2.5	2.8	3.3
4月	3.5	3.6	2.7	2.5	2.1	2.2	2.5	2.7	3.2	2.5	2.0	1.9	2.4	2.8	3.0	3.2
5月	2.8	3.0	2.7	2.4	2.2	2.4	2.5	2.8	3.0	2.5	1.9	2.0	2.5	2.7	2.3	2.6
6月	2.3	2.7	2.3	2.4	2.1	2.1	2.2	2.3	2.5	2.3	1.9	2.1	2.3	2.3	2.2	1.9
7月	2.4	2.7	2.6	2.5	2.1	2.4	2.7	2.9	3.2	2.7	2.7	2.3	2.5	2.2	2.0	1.9
8月	3.4	3.4	2.9	2.8	2.6	2.6	2.5	2.6	2.9	2.3	2.0	2.5	2.6	2.6	2.6	3.1
9月	3.1	3.1	2.6	2.6	2.1	2.0	1.9	2.2	2.4	2.1	1.6	1.7	1.8	1.6	1.9	2.4
10月	3.1	3.4	3.0	2.6	1.9	1.6	1.6	2.0	2.3	1.9	1.5	1.2	1.7	2.0	2.1	2.7
11月	3.1	3.4	2.5	2.1	1.9	1.8	1.5	1.9	2.1	2.0	1.7	1.5	1.9	2.3	2.2	2.7

续表 B.2.8-2

风向	N	NNE	NE	ENE	E	ESE	SE	SSE	S	SSW	SW	WSW	W	WNW	NW	NNW
12月	3.3	3.2	2.5	2.2	1.7	1.8	1.3	1.4	1.8	1.6	1.5	1.6	1.8	2.3	2.8	3.2
春季	3.2	3.4	2.6	2.4	2.2	2.3	2.4	2.7	3.0	2.5	2.0	2.0	2.4	2.7	2.7	2.8
夏季	3.0	3.2	2.7	2.6	2.3	2.3	2.4	2.7	3.0	2.5	2.1	2.2	2.5	2.2	2.2	2.4
秋季	3.3	3.4	2.8	2.5	2.0	1.8	1.6	1.9	2.3	2.0	1.6	1.6	1.9	2.2	2.4	2.9
冬季	3.6	3.6	2.7	2.2	1.9	1.8	1.9	2.3	2.7	2.1	1.6	1.6	2.0	2.3	2.6	3.2
年	3.3	3.4	2.7	2.4	2.1	2.1	2.1	2.4	2.8	2.3	1.8	1.9	2.2	2.4	2.5	2.8

表 B.2.8-3 惠南国家气象观测站的最大风速(m/s)

风向	N	NNE	NE	ENE	E	ESE	SE	SSE	S	SSW	SW	WSW	W	WNW	NW	NNW
1月	8.8	8.5	7.6	5.3	4.2	5.1	4.3	5.3	7.4	7.6	3.7	5.1	5.1	7.8	9.0	9.2
2月	9.0	9.9	6.7	5.2	5.4	5.5	5.8	6.8	8.1	6.0	4.9	3.8	8.2	7.3	6.6	8.3
3月	8.7	10.1	9.9	6.5	7.4	8.2	7.1	7.2	7.7	6.8	3.9	3.8	4.5	6.4	7.9	8.2
4月	8.5	9.9	7.0	5.8	5.3	5.6	7.5	8.1	7.8	6.5	4.5	5.2	6.7	7.5	7.6	7.5
5月	7.4	7.9	6.7	6.1	5.8	5.2	6.5	7.5	7.5	5.9	4.5	5.2	7.7	7.4	5.3	5.6
6月	6.3	6.5	5.0	6.4	5.5	7.9	6.4	6.6	6.6	5.6	5.5	5.7	6.5	6.2	7.6	5.5
7月	9.7	9.6	10.9	8.3	5.0	6.4	6.4	8.2	8.0	7.4	5.9	7.1	5.2	5.2	8.8	6.7
8月	12.0	9.3	8.4	9.6	9.1	7.7	6.9	6.5	7.5	5.3	4.9	5.6	7.4	8.9	10.8	11.2
9月	8.7	8.6	7.0	8.4	6.7	6.0	5.0	6.0	6.5	5.9	5.2	4.7	4.6	5.1	6.1	7.3
10月	10.1	10.8	7.5	6.9	4.9	3.6	4.0	5.3	6.0	6.1	3.1	3.8	5.1	5.9	7.2	8.9
11月	9.0	10.4	6.7	5.3	4.9	5.1	5.4	5.8	7.3	6.3	3.9	3.7	5.2	7.1	9.3	8.9
12月	7.7	9.0	6.6	5.5	4.8	4.0	3.7	5.5	6.0	5.7	4.8	4.1	4.9	7.2	7.6	9.8
春季	8.5	9.9	7.0	6.1	7.4	8.2	7.5	8.1	7.8	6.5	5.5	5.7	7.7	7.5	7.6	7.5
夏季	12.0	9.6	10.9	9.6	9.1	7.7	6.9	8.2	8.0	7.4	5.9	7.1	7.4	8.9	10.8	11.2
秋季	10.1	10.8	7.5	8.4	6.7	6.0	5.4	6.0	7.3	6.3	5.2	4.6	5.2	7.2	9.3	8.9
冬季	9.0	10.1	9.9	6.5	5.3	5.7	5.3	7.2	8.4	7.6	4.8	5.1	8.2	7.8	8.0	9.8
年	12.0	10.8	10.9	9.6	9.1	7.9	7.5	8.2	8.4	7.6	5.9	7.1	8.2	8.9	10.8	11.2

B.2.9 浦东国家气象观测站的风向频率、平均风速和最大风速见表 B.2.9-1～表 B.2.9-3。

表 B.2.9-1 浦东国家气象观测站的风向频率(%)

风向	N	NNE	NE	ENE	E	ESE	SE	SSE	S	SSW	SW	WSW	W	WNW	NW	NNW
1月	4.5	10.6	12.6	10.3	6.0	2.5	2.2	2.3	2.2	1.4	2.2	4.6	6.0	6.5	10.4	5.5
2月	4.9	9.1	11.7	12.5	9.7	4.7	3.8	3.0	2.7	2.2	2.3	3.2	4.1	4.7	8.5	4.8
3月	3.1	7.8	9.1	12.0	10.8	6.3	6.3	5.3	4.9	4.1	2.6	3.5	4.3	3.8	5.3	3.3
4月	2.5	5.6	6.2	8.5	11.2	9.4	9.5	7.6	6.1	3.8	2.7	4.5	3.8	2.9	4.4	2.8
5月	1.6	3.9	5.1	8.6	14.9	13.0	11.4	7.3	6.0	3.7	2.8	4.4	2.8	1.6	2.7	1.7
6月	1.1	3.2	4.9	12.2	17.4	12.6	10.4	5.5	5.6	3.7	4.0	5.1	2.0	1.1	1.5	0.8
7月	0.6	1.6	2.9	5.2	10.9	12.0	13.9	10.5	11.6	5.9	5.2	6.1	2.1	0.8	1.1	0.8
8月	1.4	3.9	5.9	12.7	15.2	13.0	10.2	6.8	5.5	2.7	2.7	4.2	2.4	1.1	2.2	1.4
9月	3.7	8.0	11.8	16.6	15.0	6.5	4.2	2.1	1.8	0.9	1.2	2.7	2.0	2.3	4.1	2.7
10月	5.0	12.1	13.7	12.8	9.4	3.7	2.4	2.0	1.4	1.1	1.3	3.0	2.1	2.7	5.0	4.0
11月	4.1	8.6	9.4	9.0	8.0	3.2	2.9	2.2	2.2	1.9	2.1	4.2	5.3	5.1	7.6	4.0
12月	3.9	7.3	8.5	7.9	5.3	1.7	1.2	1.1	1.3	1.6	3.0	6.0	9.1	8.2	12.1	5.3
春季	1.9	4.8	5.7	9.9	14.2	11.4	10.2	6.8	5.5	3.7	2.9	4.3	3.1	2.1	3.1	2.0
夏季	1.6	3.8	6.0	10.7	13.7	11.0	10.2	7.1	7.0	3.6	3.5	4.7	2.1	1.2	2.1	1.4
秋季	4.4	9.4	11.0	11.1	8.6	3.3	2.4	1.8	1.7	1.5	1.8	4.0	4.7	4.6	7.4	4.2
冬季	4.3	9.7	11.3	10.8	7.9	3.7	3.3	3.0	2.7	2.1	2.3	4.0	5.1	5.4	9.1	5.0
年	3.1	6.9	8.5	10.6	11.1	7.4	6.5	4.7	4.2	2.7	2.6	4.3	3.8	3.3	5.4	3.2

表 B.2.9-2 浦东国家气象观测站的平均风速(m/s)

风向	N	NNE	NE	ENE	E	ESE	SE	SSE	S	SSW	SW	WSW	W	WNW	NW	NNW
1月	1.4	1.7	1.6	1.5	1.6	1.6	1.5	1.7	1.6	1.2	1.1	1.3	1.5	1.6	1.8	1.5
2月	1.5	1.8	1.8	1.7	2.0	1.9	2.1	2.1	1.5	1.2	1.2	1.2	1.5	1.6	1.8	1.6
3月	1.7	2.0	1.9	1.9	2.1	2.0	2.0	2.0	2.0	1.6	1.1	1.4	1.8	1.7	2.0	1.7
4月	1.5	1.8	1.6	1.6	1.8	2.0	2.0	2.2	2.0	1.4	1.2	1.5	1.8	1.7	2.0	1.6

续表 B.2.9-2

风向	N	NNE	NE	ENE	E	ESE	SE	SSE	S	SSW	SW	WSW	W	WNW	NW	NNW
5月	1.4	1.6	1.3	1.5	1.8	1.8	1.9	1.9	1.8	1.3	1.1	1.6	1.6	1.4	1.5	1.4
6月	1.2	1.2	1.1	1.3	1.7	1.7	1.6	1.5	1.4	1.2	1.2	1.5	1.5	1.2	1.5	1.5
7月	1.2	1.3	1.4	1.3	1.6	1.8	1.9	1.9	1.9	1.5	1.4	1.7	1.6	1.2	1.3	1.4
8月	1.4	1.6	1.5	1.8	2.0	1.9	1.8	1.8	1.7	1.5	1.3	1.6	1.5	1.3	1.7	1.6
9月	1.4	1.5	1.4	1.5	1.8	1.7	1.5	1.5	1.3	1.4	0.9	1.1	1.1	1.2	1.4	1.4
10月	1.3	1.6	1.4	1.5	1.6	1.7	1.5	1.6	1.6	1.1	0.9	1.1	1.2	1.3	1.5	1.5
11月	1.2	1.5	1.3	1.2	1.6	1.6	1.5	1.5	1.3	1.2	1.1	1.2	1.4	1.4	1.6	1.4
12月	1.3	1.5	1.5	1.4	1.7	1.4	1.4	1.4	1.4	1.1	0.9	1.2	1.6	1.5	1.8	1.5
春季	1.5	1.7	1.5	1.5	1.8	1.9	1.9	2.0	1.9	1.4	1.2	1.5	1.8	1.6	1.8	1.5
夏季	1.4	1.5	1.4	1.5	1.8	1.8	1.8	1.9	1.7	1.4	1.3	1.6	1.4	1.2	1.5	1.4
秋季	1.3	1.5	1.4	1.5	1.7	1.6	1.5	1.5	1.4	1.2	1.0	1.2	1.4	1.4	1.6	1.5
冬季	1.5	1.8	1.7	1.7	1.9	1.8	2.0	2.0	1.8	1.3	1.0	1.3	1.6	1.6	1.8	1.6
年	1.4	1.6	1.5	1.6	1.8	1.8	1.8	1.9	1.7	1.3	1.1	1.4	1.6	1.5	1.7	1.5

表 B.2.9-3 浦东国家气象观测站的最大风速(m/s)

风向	N	NNE	NE	ENE	E	ESE	SE	SSE	S	SSW	SW	WSW	W	WNW	NW	NNW
1月	3.6	4.1	4.9	3.8	4.0	3.5	3.8	3.7	4.5	3.8	3.1	4.3	4.9	5.0	4.5	4.2
2月	3.6	4.8	5.3	5.3	5.2	4.4	5.3	5.2	4.1	3.6	3.0	3.9	5.1	3.7	5.5	4.0
3月	3.7	6.5	5.2	5.4	6.0	5.2	5.1	5.1	5.5	4.1	3.4	3.7	4.4	4.7	4.6	3.3
4月	4.1	4.9	4.5	4.4	4.6	5.3	5.1	5.2	5.1	5.0	3.3	4.1	5.8	7.1	5.7	3.6
5月	2.8	4.4	3.8	4.5	5.0	4.3	4.8	5.5	4.8	4.3	3.4	4.5	5.2	2.9	3.6	2.8
6月	2.5	3.0	3.0	4.2	5.9	5.5	4.3	4.6	4.3	4.2	3.3	4.5	4.1	2.7	4.4	4.0
7月	3.3	3.0	5.3	4.3	4.8	4.5	5.7	7.0	6.6	5.3	3.7	5.5	5.4	2.2	3.1	5.5
8月	3.6	4.4	4.1	7.3	8.8	6.5	4.5	5.0	4.2	3.8	3.4	4.2	4.6	3.5	5.0	5.5
9月	3.5	6.0	4.8	4.8	4.8	4.1	3.6	3.8	3.3	3.4	3.0	3.3	3.3	3.1	3.9	3.4
10月	3.3	4.5	4.5	5.9	4.3	3.6	3.5	3.8	3.8	2.7	2.5	3.5	5.5	3.1	4.2	4.3
11月	3.3	4.0	3.3	4.1	4.5	4.0	3.9	3.8	4.1	3.0	2.6	3.5	6.2	4.4	4.7	3.5

续表 B.2.9-3

风向	N	NNE	NE	ENE	E	ESE	SE	SSE	S	SSW	SW	WSW	W	WNW	NW	NNW
12 月	3.2	4.6	4.6	3.8	4.6	3.2	3.3	4.2	4.1	3.0	3.0	3.9	5.7	5.3	4.7	3.8
春季	4.1	4.9	4.5	5.1	5.9	5.5	5.1	5.5	5.5	5.0	3.4	4.5	5.8	7.1	5.7	4.0
夏季	3.6	6.0	5.3	7.3	8.8	6.5	5.7	7.0	6.6	5.3	3.7	5.5	5.4	3.5	5.0	5.5
秋季	3.3	4.5	4.5	5.9	4.8	4.0	3.9	3.9	4.1	3.4	3.0	3.5	6.2	4.4	4.7	4.3
冬季	3.7	6.5	5.3	5.4	6.0	5.2	5.3	5.2	5.4	4.1	3.3	4.3	5.7	5.3	5.5	4.2
年	4.1	6.5	5.3	7.3	8.8	6.5	5.7	7.0	6.6	5.3	3.7	5.5	6.2	7.1	5.7	5.5

B.2.10 崇明国家气象观测站的风向频率、平均风速和最大风速见表 B.2.10-1～表 B.2.10-3。

表 B.2.10-1 崇明国家气象观测站的风向频率(%)

风向	N	NNE	NE	ENE	E	ESE	SE	SSE	S	SSW	SW	WSW	W	WNW	NW	NNW
1 月	16.0	9.8	8.2	6.1	4.6	4.2	4.3	3.4	1.7	1.3	1.9	1.9	3.8	5.8	11.3	13.6
2 月	12.0	9.6	7.4	6.8	8.3	6.3	7.9	5.3	2.9	2.4	2.6	1.6	2.3	5.0	8.3	10.0
3 月	9.7	8.3	6.8	6.5	8.1	8.0	11.4	8.7	3.8	3.4	3.0	1.9	3.0	3.9	6.6	6.2
4 月	6.8	5.8	5.7	5.3	7.6	9.3	15.5	11.5	4.6	4.2	3.3	1.7	2.9	4.8	5.2	4.9
5 月	4.6	5.1	5.1	6.1	9.4	11.3	18.4	12.4	5.4	3.3	3.0	2.1	3.4	3.4	3.4	2.9
6 月	3.1	4.4	6.5	8.4	14.6	13.2	15.6	9.5	4.7	5.2	4.0	2.3	2.4	1.9	1.6	1.8
7 月	2.4	3.3	3.7	4.3	7.7	8.8	20.2	15.1	8.3	7.5	5.7	2.2	3.7	2.6	1.9	1.7
8 月	4.7	5.7	7.4	8.3	13.3	10.6	16.1	9.3	3.2	3.4	2.6	1.7	2.9	2.8	3.3	3.0
9 月	11.2	10.7	9.4	9.8	12.0	9.3	5.8	3.9	1.3	1.2	1.2	1.1	1.4	3.2	7.1	8.9
10 月	14.2	12.8	10.7	7.3	7.2	6.4	4.8	3.1	1.6	1.3	1.0	1.4	2.3	4.1	8.3	11.4
11 月	11.9	8.9	6.0	6.6	7.1	6.7	5.4	4.1	2.3	2.3	2.2	2.1	3.5	5.8	11.7	11.3
12 月	11.6	7.9	6.2	5.5	4.9	4.5	2.5	2.1	1.9	2.0	2.3	2.5	4.7	8.8	16.8	14.2
春季	5.3	5.4	5.8	6.5	9.9	11.0	16.6	10.9	4.6	4.0	3.2	1.9	3.0	3.7	3.9	3.6
夏季	4.8	5.7	6.3	7.2	11.4	9.9	14.9	10.3	5.0	4.7	3.8	1.9	2.9	2.7	3.5	3.6
秋季	13.0	10.3	8.2	6.9	7.1	6.3	4.6	3.2	1.9	1.7	1.6	1.8	3.0	5.4	11.0	11.9

续表 B.2.10-1

风向	N	NNE	NE	ENE	E	ESE	SE	SSE	S	SSW	SW	WSW	W	WNW	NW	NNW
冬季	13.7	9.6	7.2	6.3	6.2	5.7	6.2	4.8	2.3	2.0	2.3	1.8	3.4	5.6	10.4	11.1
年	9.2	7.8	6.9	6.7	8.6	8.2	10.6	7.3	3.5	3.1	2.7	1.9	3.1	4.4	7.2	7.6

表 B.2.10-2 崇明国家气象观测站的平均风速(m/s)

风向	N	NNE	NE	ENE	E	ESE	SE	SSE	S	SSW	SW	WSW	W	WNW	NW	NNW
1月	3.2	2.9	2.3	2.2	1.9	1.9	2.5	2.8	2.7	1.9	1.9	1.9	2.5	2.7	3.1	3.0
2月	3.5	3.2	2.7	2.5	2.7	2.1	3.1	3.1	2.5	2.3	2.2	1.9	2.2	2.7	3.0	3.0
3月	4.0	3.5	2.8	2.7	2.7	2.4	3.3	3.3	2.7	2.7	2.4	2.1	2.7	2.9	3.2	3.1
4月	3.5	3.3	2.7	2.4	2.5	2.4	3.5	3.5	2.9	2.5	2.4	2.0	2.9	3.4	3.2	3.2
5月	2.5	2.9	2.4	2.6	2.5	2.4	3.4	3.4	2.9	2.4	2.2	2.6	3.1	3.0	2.7	2.4
6月	2.2	2.3	2.2	2.4	2.5	2.4	3.0	2.9	2.4	2.4	2.4	2.3	3.0	2.7	2.4	1.9
7月	2.3	2.2	2.3	2.2	2.4	2.3	3.2	2.9	2.7	2.9	2.5	2.2	2.7	2.6	2.2	2.0
8月	2.8	2.8	2.4	2.7	2.9	2.7	3.3	2.9	2.7	2.6	2.2	2.0	2.7	2.8	2.9	2.5
9月	2.8	2.7	2.5	2.5	2.4	2.3	2.8	2.6	2.2	2.5	2.0	2.1	1.8	2.0	2.2	2.2
10月	2.8	2.8	2.6	2.5	2.1	1.9	2.7	2.7	2.7	2.1	1.8	1.9	2.2	2.3	2.4	2.3
11月	3.1	2.8	2.2	1.9	2.1	1.9	2.5	2.9	2.7	2.4	2.1	1.9	2.6	2.6	2.7	2.4
12月	2.9	2.5	2.3	2.3	2.2	2.0	2.3	2.6	2.6	2.0	2.1	1.9	2.6	2.9	3.2	2.9
春季	3.2	2.9	2.5	2.5	2.6	2.4	3.4	3.4	2.8	2.5	2.3	2.3	2.9	3.1	3.0	2.8
夏季	2.6	2.6	2.4	2.5	2.6	2.4	3.2	2.9	2.6	2.6	2.4	2.2	2.7	2.4	2.4	2.2
秋季	2.9	2.7	2.5	2.4	2.2	2.0	2.5	2.8	2.7	2.3	2.0	2.0	2.6	2.6	2.8	2.5
冬季	3.4	3.2	2.6	2.5	2.4	2.1	3.1	3.2	2.6	2.3	2.1	2.0	2.6	2.8	3.0	2.9
年	3.0	2.9	2.5	2.5	2.4	2.2	3.1	3.1	2.7	2.4	2.2	2.1	2.7	2.7	2.8	2.6

表 B.2.10-3 崇明国家气象观测站的最大风速(m/s)

风向	N	NNE	NE	ENE	E	ESE	SE	SSE	S	SSW	SW	WSW	W	WNW	NW	NNW
1月	9.1	7.5	7.6	6.5	5.2	5.4	6.8	6.5	5.9	4.4	4.3	5.2	6.9	8.6	9.6	8.5
2月	9.5	11.1	6.6	7.2	7.3	6.3	8.4	7.7	8.5	5.3	4.9	5.1	8.7	7.5	7.4	8.1

续表 B.2.10-3

风向	N	NNE	NE	ENE	E	ESE	SE	SSE	S	SSW	SW	WSW	W	WNW	NW	NNW
3月	9.2	8.8	10.4	6.2	7.4	6.7	8.0	7.9	6.5	7.2	4.9	4.6	7.6	7.0	8.7	8.5
4月	10.0	8.3	7.6	6.2	6.4	8.8	9.0	8.0	8.0	7.1	6.9	6.3	8.1	10.4	9.1	9.3
5月	7.3	6.9	7.4	7.0	7.0	6.5	7.6	7.8	7.0	6.1	5.0	8.1	9.6	8.6	6.0	6.9
6月	5.7	5.6	6.7	6.9	8.4	8.1	8.0	7.7	5.7	6.4	5.7	5.5	8.2	7.0	8.1	5.8
7月	9.2	9.3	10.2	9.3	5.8	6.9	8.4	8.3	7.9	9.1	7.7	6.9	6.8	8.5	7.3	8.5
8月	9.9	7.7	8.1	11.0	11.1	10.1	7.8	7.5	7.5	7.3	6.7	7.5	9.6	8.2	9.1	9.6
9月	8.0	7.6	7.3	8.7	5.8	5.6	5.8	5.7	5.0	7.1	6.7	6.0	5.3	7.0	6.5	5.9
10月	9.1	8.3	8.7	6.6	6.2	5.7	5.7	6.2	6.5	5.2	4.0	5.7	6.1	6.6	7.6	8.1
11月	9.7	8.6	6.3	5.8	5.5	5.4	7.2	8.4	6.7	5.5	4.5	4.7	6.7	9.0	7.6	10.3
12月	7.8	7.3	7.2	6.7	6.1	5.6	6.2	6.9	6.4	5.5	4.6	4.2	7.7	9.0	9.8	9.0
春季	10.0	8.3	7.6	7.0	8.4	8.8	9.0	8.0	8.0	7.2	6.9	8.1	9.6	10.4	9.1	9.3
夏季	9.9	9.3	10.2	11.0	11.1	10.1	8.4	8.3	7.9	9.1	7.7	7.5	9.6	8.5	9.1	9.6
秋季	9.7	8.6	8.7	8.7	6.2	5.7	7.2	8.4	6.7	5.5	4.5	5.7	7.7	9.0	7.6	10.3
冬季	9.5	11.1	10.4	7.2	7.4	6.5	8.4	8.2	9.4	5.3	4.9	5.6	8.7	9.0	9.8	9.0
年	10.0	11.1	10.4	11.0	11.1	10.1	9.0	8.4	9.4	9.1	7.7	8.1	9.6	10.4	9.8	10.3

本标准用词说明

1　为便于在执行本标准条文时区别对待，对要求严格程度不同的用词说明如下：

1）表示很严格，非这样做不可的用词：

正面词采用“必须”；

反面词采用“严禁”。

2）表示严格，在正常情况下均应这样做的用词：

正面词采用“应”；

反面词采用“不应”或“不得”。

3）表示允许稍有选择，在条件许可时首先应这样做的用词：

正面词采用“宜”；

反面词采用“不宜”。

4）表示有选择，在一定条件下可以这样做的用词，采用“可”。

2　标准中指明应按其他有关标准执行时，写法为：“应符合……的规定（或要求）”或“应按……执行”。

上海市工程建设规范

建筑风环境气象参数标准

DG/TJ 08—2328—2020
J 15294—2020

条 文 说 明

2020 上海

目　次

1　总　则 ………………………………………………………… 43
2　术　语 ………………………………………………………… 44
3　一般规定 ……………………………………………………… 45
4　风气候分区与风参数 ………………………………………… 46
　4.1　风气候分区 ……………………………………………… 46
　4.2　风参数确定 ……………………………………………… 47

Contents

1 General provisions ·· 43
2 Terms ··· 44
3 Basic requirements ·· 45
4 Wind climate zone and wind parameters ·············· 46
4.1 Wind climate zone ······································ 46
4.2 Determination of wind parameters ·················· 47

1 总 则

1.0.1 建筑风环境分析是提升绿色建筑规划设计、城市环境品质的重要手段，风环境不仅影响着室外人员活动舒适性和污染物消散，对室内自然通风、空气渗透等也具有较大影响。建筑设计需根据风环境分析确定总平面布局，并在建筑策划中正确地选用绿色建筑对策，而风环境分析中的主导风、季节划分等气象参数的选取关系到建筑风环境分析结果的准确性。上海有16个行政区划，近年来随着经济和生活水平的不断提高，上海的建筑业发展日新月异，高层建筑、超高层建筑增多，建筑密度也随之加大，新建筑的诞生不但改变了城市面貌，同时也改变了自然环境，尤其带来了风环境气象参数的较大变化，中心城区的风环境更是与周边地区差异很大，且上海市有含岛屿或临海边的行政区，故气象参数复杂，不宜采用单一风参数值。国内虽有相关建筑风环境的气象参数标准，但因其包含内容需顾及全国范围，且气象资料参数取值年代较早，难以较为准确地反映本市建筑所处风环境的状况。为了更科学、更精准地分析本市建筑项目所在位置风环境对建筑的影响，让建筑更好地适应自然环境，充分利用自然风环境改善并提升建筑室内外的舒适环境，节约资源，规范本市建筑风环境气象参数选取是必须的，故特制定本标准。

1.0.2 本标准既适用于新建建筑的风环境设计与分析中的风参数选取，也适用于改建、扩建建筑通过风环境分析确定改建、扩建的设计对策，还可适用于绿色建筑评价中的风环境评估，并可适用于其他需要选取风参数的场合。

2 术 语

2.0.3 主导风参数包含主导风向和风速。主导风向是基于某季节累年风气象数据(静风除外),采用 16 个方位角表示风向,根据每个方位角风向频率进行统计,将连续 3 个风向角的风频相加,选取相加最大的 3 个风向角中的风频最大值对应的风向作为该季节的主导风向;风速取值为主导风向下对应累年风速(静风除外)的平均值。

2.0.4 风气候分区是本标准根据上海市气象观测站台的分布情况,对上海市行政区域范围内的风环境气候分区。上海有 16 个行政区,现有 11 个气象观测站,结合 11 个气象观测站的设置位置及历年气象参数,综合考虑全市各区风气象参数的分布特征、区域发展及各气象观测站的代表性,并兼顾建筑规划设计的可操作性,将本市划分成若干小区域作为风气候分区。

3 一般规定

3.0.1 本规定要求风环境设计分析的对象以城市规划批准的建设项目为准。当工程项目为单栋建筑时,应按照单栋建筑及周边环境进行风环境分析;当工程项目是由多个单栋建筑组成的建筑群或综合体建筑时,应根据批准的项目用地范围内的所有建筑及周边建筑环境进行风环境分析。改建或扩建项目应以被改建、扩建的建筑物为风环境设计分析对象。自然风会因为周边建筑物的影响导致风向的改变及风速的减弱或增强,故风环境设计分析时必须结合周边环境综合考虑。具体周边建筑环境考虑范围及其他边界条件可参考国家、行业和本市现行有关标准的规定。

3.0.2 建筑风环境分析所需风参数主要包含风气候分区、主导风向和风速。现行的有关标准未对本市建筑风环境风参数边界作出明确规定,导致边界条件设定取值不一,建筑风环境分析结果不够准确,从而影响建筑总体布局方案和技术对策。

3.0.3 气象数据选择及全年各季节划分对建筑风环境分析结果至关重要,本标准中给出了全年、4 个气象季节及 12 个月的风参数,以满足不同环境场合对风环境控制或利用的设计对策选择。

4 风气候分区与风参数

4.1 风气候分区

4.1.1 上海市共设置了 11 个气象观测站，通过对 11 个气象观测站获得的风气象观测数据进行研究发现，不同气象观测站的风参数差异明显，以往风环境分析中全市采用相同的风参数显然是不科学的，可能会导致设计决策的错误。

结合上海市现有行政管辖区和各气象观测站分布情况，将全市城市空间划分为 11 个风气候分区，分别为中心城风气候区、闵行风气候区、宝山风气候区、嘉定风气候区、金山风气候区、青浦风气候区、松江风气候区、奉贤风气候区、南汇新城（临港新片区）风气候区、浦东风气候区、崇明风气候区。

中心城风气候区包括的行政区为徐汇区、黄浦区、长宁区、静安区、普陀区、虹口区、杨浦区，与传统意义的上海中心城区的概念一致。

浦东新区地域较大，且南汇新城（临港新片区）作为上海市特殊经济功能区近年来发展迅速，根据气象观测站分布的位置将浦东新区划分为南汇新城（临港新片区）和浦东[除南汇新城（临港新片区）外]2 个风气候区。

4.1.2 在进行风参数选取时，各风气候分区的风参数确定宜基于对应的气象观测站监测数据。徐家汇国家气象观测站虽位于中心城风气候区，但由于其周围高楼和树木阻挡，观测环境恶劣，风参数的代表性缺失，不能用来代表中心城风气候区的风环境情况，上海气象局的天气预报也早已不采用徐家汇气象观测站的气象数据。因此，根据上海气象局的专家建议，本标准未将徐家汇气象观测站列入，而是采用闵行国家气象观测站的风参数来代表中心城风气候区的风环境情况，其余10个风气候区的风参数分别采用设于该行政辖区内的气象观测站数据。当建筑项目处于风气候区的边界并临近相邻风气候区的气象观测站时，可以采用所属风气候区的气象观测站的风参数，也可根据项目特点采用邻近气象观测站的风气候区风参数；当采用邻近气象观测站的风气候区风参数时，应在分析或评估报告中注明选用理由。且各季节的风参数均取值于同一个气象观测站。

4.2 风参数确定

4.2.1 不同区域不同气象数据源下，各个季节的室外风向及风速都存在显著差异。随着城市发展，建筑密度增加，城市风速逐年整体呈下降趋势。根据上海各气象观测站点近60年风速的统计结果可知，近30年、近20年、近10年的风速总体上呈逐渐减小趋势。因此，表中的主导风参数是基于当地气象观测站近10年(2009年至2018年)每日逐时的定时风气象观测数据集确定，采用累年平均值法进行数据处理，从而真实地反映上海各风气候分区的风环境实际特征。

表4.2.1中的各季节起止时间按照天文划分法：春季自3月21日至6月20日；夏季自6月21日至9月20日；秋季自9月21日至12月20日；冬季自12月21日至3月20日。自然界一年四季的气候变化导致风环境的差异，建筑室内外环境对一年四季的风环境要求不同，需根据不同季节进行风环境设计分析。常用的季节划分方法有：天文划分法、气象划分法和候温法。其中，气象划分法和候温法是以气候要素的分布状况为依据划分季节，每年季节起止的日期是根据温度变化而定；天文划分法是以天文因子为依据划分季节，每年四季的日期不变。研

究分析发现，虽然不同的季节划分法导致季节起止的日期变化，但从各气象观测站得到的数据中，风频分布趋势基本相似，且近10年、近20年、近30年的风玫瑰图均具有较好的吻合性。候温法虽然考虑了室外气温的影响具有气候的特点，但通过对近10年各季节划分法的气象数据统计结果发现差异较小；现行的建筑设计资料集和建筑行业相关规范标准中涉及季节划分都是天文划分法，为了方便建筑设计和风环境分析，本标准规定季节划分采用天文划分法。

通过绿色建筑性能设计软件对本市各风气候分区内的住宅区、医院等案例进行模拟分析测算。结果显示，按表4.2.1的主导风参数取值，各风气候分区风参数能更加真实地反映建筑室外风环境，从而更加科学有效地指导建筑风环境设计，优化建筑总体布局。例如，杨浦区某住宅建筑群项目，以传统风边界条件进行模拟计算时，春季场地内平均风速为2.3 m/s，最大风速为5.8 m/s，场地内无明显涡旋或无风区，人员活动区局部出现风速过大。而以本标准中心城风气候区的风边界条件进行计算时，春季场地内平均风速仅为0.8 m/s，最大风速为2.5 m/s，整个场地风速均大大降低，且无明显涡旋或无风区。应用本标准中心城风气候区风参数对该项目进行室外风环境模拟分析后，春季场地内风速大大降低，自然通风利用效果变差。模拟风参数设置对比详见表1，模拟结果对比详见图1～图3。

表 1　项目原采用的主导风参数与本标准的主导风参数取值对比

项目信息	季节	风向		风速(m/s)	
		现状	本标准	现状	本标准
杨浦区某住宅建筑群	春	ESE	E	3.8	1.8
	夏	SE	E	3.1	1.7
	秋	NNE	ENE	3.9	1.6
	冬	NW	ENE	3.1	1.8
闵行区某医院建筑群	春	ESE	E	3.8	1.8
	夏	SE	E	3.1	1.7
	秋	NNE	ENE	3.9	1.6
	冬	NW	ENE	3.1	1.8
浦东新区某医院建筑群	春	ESE	E	3.8	1.8
	夏	SE	E	3.1	1.8
	秋	NNE	ENE	3.9	1.5
	冬	NW	NE	3.1	1.7

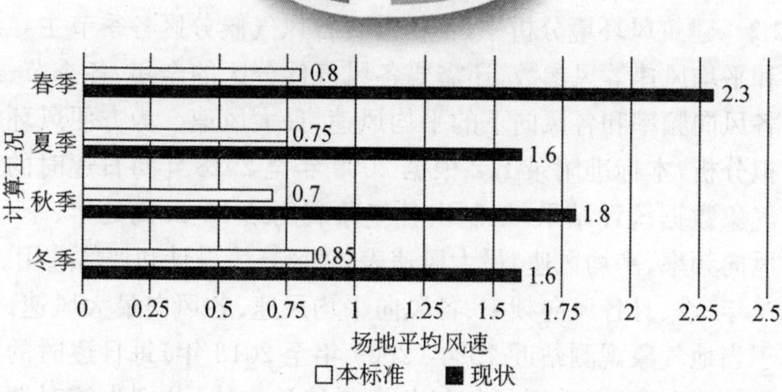

图 1　杨浦区某住宅建筑群在不同主导风参数条件下的计算结果对比

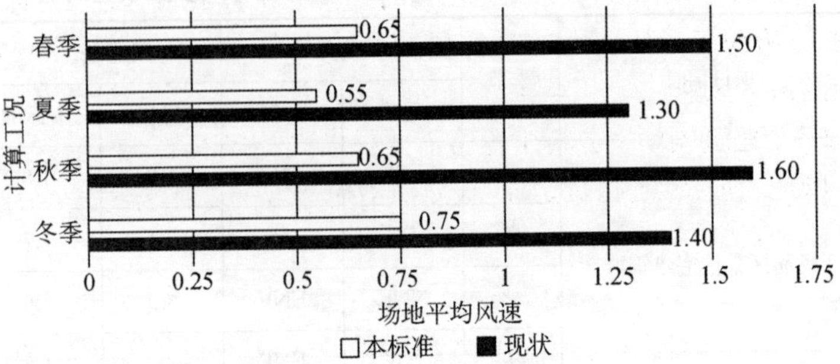

图 2　闵行区某医院建筑群在不同主导风参数条件下的计算结果对比

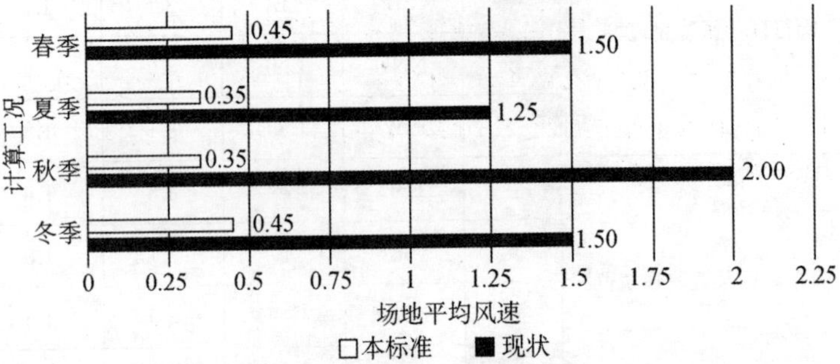

图 3　浦东新区某医院建筑群在不同主导风参数条件下的计算结果对比

4.2.2　建筑风环境分析中，不仅需要各风气候分区各季节主导风向和平均风速等风参数，还需要各风气候分区的全年、各季节、各月各风向频率和各风向下的平均风速、最大风速。为方便风环境模拟分析，本标准附录 B.2 根据 2009 年至 2018 年每日逐时的定时气象数据统计结果，编制出各气象观测站 10 m 高处年、季、月各风向频率、平均风速、最大风速表，供风环境设计和评估选用。

年、季、月各风向频率、各风向平均风速、各风向最大风速，是基于当地气象观测站近 10 年（2009 年至 2018 年）每日逐时的定时风速风向参数，采用累年气象资料统计方法，分别为该时期内

16 方位各个风向发生的次数占该时期内总次数的百分比、该时期内 16 方位各个风向上的平均风速和该时期内 16 方位各个风向上的最大风速。

4.2.3 建筑风环境分析中通常需要梯度风的风参数，在高度方向上风速一般按照“指数定律”设定具有梯度特征的风速边界条件，参照下式：

$$\frac{V}{V_0}=\left(\frac{Z}{Z_0}\right)^{\alpha}$$

式中，V 为高度为 Z 处的风速(m/s)；V_0 为高度为 Z_0 处的风速(m/s)，本标准中取 10 m 高度处的风速；α 为地面粗糙度指数。

考虑到现有不同标准中地面粗糙度指数定义不统一，为了规范计算和审核，增强风环境分析结果之间的横向可比性，本标准结合上海市城市空间形态特征给出推荐值。对于有实测值的，宜使用实测值。